삼성SDI   SK하이닉스   SK실트론   텔레칩스   이노크리시스템

차세대반도체
산업분야 취업가이드

저자 비피기술거래 비티인사이트

- 취업을 위해 꼭 알아야 하는 용어와 이슈

- 대표 기업 취업 성공방식

- 숲과 나무를 동시에 보는 산업분야 스터디

삼성SDI   SAMSUNG   SK 하이닉스   SK 실트론

 Telechips    Inno creative System CO.,LTD.

㈜ 비티인사이트

<제목 차례>

1. 서론 ··· 4

2. 차세대 반도체 관련 기업들 ·· 6
  가. 삼성SDI ·· 6
    1) 기업 소개 ·· 6
    2) 채용공고 소개 ··· 7
    3) 전형절차 ·· 8
    4) 취업 TIP ·· 9
  나. SK하이닉스 ·· 10
    1) 기업소개 ·· 10
    2) 채용공고 소개 ··· 11
    3) 전형절차 ·· 13
    4) 취업 TIP ·· 13
  다. SK실트론 ··· 15
    1) 기업 소개 ·· 15
    2) 채용공고 소개 ··· 16
    3) 전형절차 ·· 18
    4) 취업 TIP ·· 18
  라. 텔레칩스 ·· 19
    1) 기업 소개 ·· 19
    2) 채용공고 소개 ··· 20
    3) 전형절차 ·· 21
    4) 취업 TIP ·· 22
  마. 이노크리시스템 ·· 23
    1) 기업 소개 ·· 23
    2) 채용공고 소개 ··· 24
    3) 전형절차 ·· 25
    4) 취업 TIP ·· 25

3. 기업 취업을 위해 꼭 알아야 할 기본 개념들 ············· 26
  가. 반도체의 정의 ··· 26
  나. 반도체의 분류 ··· 30
    1) 제품별 분류 ·· 30
    2) Value Chain별 분류 ·· 32
  다. 반도체의 제조공정 ··· 33
    1) 웨이퍼 제조 ·· 33
    2) 전공정 ··· 34
    3) 후공정 ··· 35

　　　라. 차세대 반도체 ·· 37
　　　　1) AI 반도체 ··· 38
　　　　2) 전력 반도체 ·· 40
　　　　3) 차량용 반도체 ··· 42

4. 반도체 산업 동향 ·· 44
　　가. 반도체 산업 현황 ·· 44
　　나. 반도체 장비 산업 ·· 45
　　다. 반도체 소재 산업 ·· 48
　　라. 차세대 반도체 산업 동향 ·· 49
　　　　1) AI 반도체 ··· 49
　　　　2) 전력 반도체 ·· 59
　　　　3) 차량용 반도체 ··· 63

5. 반도체 시장 동향 ·· 65
　　가. 해외 ·· 65
　　나. 국내 ·· 67
　　　　1) 메모리반도체 ·· 68
　　　　2) 시스템반도체 ·· 70
　　다. 반도체 장비 산업 ·· 76
　　라. 반도체 소재 산업 ·· 82
　　　　1) D램 ·· 85
　　　　2) 낸드플래시 ·· 87
　　　　3) 시스템반도체 및 파운드리 ·· 89
　　마. 차세대 반도체 시장 동향 ·· 90
　　　　1) AI 반도체 ··· 90
　　　　2) 전력반도체 ·· 95
　　　　3) 차량용 반도체 ··· 97

6. 특허정보 ··· 104

7. 참고사이트 ·· 107

1. 서론

1. 서론

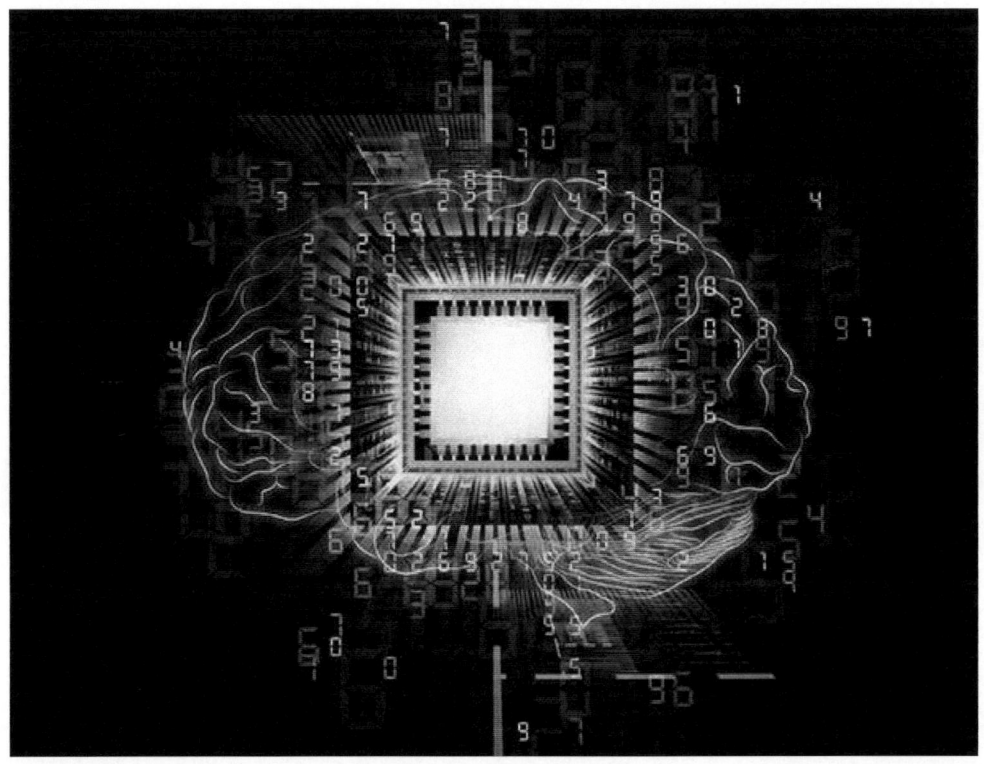

[그림] 차세대 반도체

 4차 산업혁명에 들어서면서 우리는 과거에 상상해왔던 다양한 기술들을 하나 둘 씩 현실 세계에서 만나고 있다고 해도 과언이 아니다. 스스로 주행하는 자동차, 구부러지는 핸드폰 등 우리가 과거 상상만 해왔던 기술들이 현실에서 구현되는 과정에서 주목받고 있는 기술이 바로 차세대 반도체라고 할 수 있다.

 1965년 인텔의 공동창업자인 고든 무어가 발표한 무어의 법칙[1]은 불가능 할 것이라는 일부의 우려속에서도 지난 50년간 적중했고, 반도체 산업을 이끌어왔다. 하지만 기존의 실리콘 반도체가 트랜지스터 집적기술의 한계, 전자 흐름에 따른 발열문제로 무어의 법칙에 금이 가기 시작하자, 사람들은 이를 대체할 다양한 기술을 찾게 되었고 차세대 반도체가 대두되기 시작했다.

 차세대 반도체는 기존 반도체의 장점은 합치고, 신소재를 채택하는 등 다양한 방식을 통해 한계를 극복한 기술로, 최근 고용량의 데이터를 빠르게 처리해야 할 필요성이 증가하면서 한층 더 주목을 받고 있다.

---

1) 18개월마다 반도체 칩의 트랜지스터 개수가 2배씩 증가하고, 이에 따라 반도체 성능도 2배씩 증가함

2. 차세대 반도체 관련 기업들

2. 차세대 반도체 관련 기업들

가. 삼성SDI

[그림 4] 삼성SDI 로고

1) 기업 소개

삼성 SDI는 1970년 삼성-NEC 주식회사로 설립되었으며, 1999년 디지털 기업 이미지 제고를 위하여 현재의 상호인 삼성 SDI주식회사로 변경하였다. 당사는 소형전지, 자동차전지, ESS 등의 리튬이온 2차 전지를 생산/판매하는 에너지솔루션 사업부문과 반도체 및 디스플레이 소재 등을 생산/판매하는 전자재료 사업부문을 영위하고 있다.

당사는 리튬이온 2차전지 사업을 시작한 이래 지속적으로 품질 개선, 안전성 확보 등을 위해 노력해 온 결과 현재까지 업계 선두권을 유지하고 있다. 전자재료 사업에서는 국내 외 고객사 및 협력사를 포함한 밸류체인 전반에 걸친 전략적 협력 체계를 구축하고 있어 기존 제품의 업그레이드와 신규 소재 개발을 추진해 경쟁력으로 삼고있다.

삼성SDI가 배터리 브랜드 PRiMX(프라이맥스)를 공개했다. 삼성SDI만의 아이덴티티를 녹여낸 브랜드를 통해 초격차 기술 전략에 힘을 싣는다는 전략이다. PRiMX 브랜드에 담긴 핵심 키워드는 '최고 안전성을 보유한 품질(Absolute Quality)', '초격차 고에너지 기술(Outstanding Performance)', '초고속 충전 및 초장수명 기술(Proven Advantage)'의 세 가지다. 현재 PRiMX는 국내를 비롯한 유럽까지 상표 등록이 완료됐고, 미국 상표 등록을 앞두고 있다. 삼성SDI는 PRiMX 브랜드를 생산 중인 모든 배터리에 적용하고, 핵심 키워드에 걸맞는 품질과 기술을 갖춰 나갈 방침이다.

2) 채용공고 소개

가) 각 부문별 상시 채용

모집부문	신입/경력	자격요건	근무지

전자재료 [연구개발]	경력	**[담당업무]**
		· 반도체 소재개발
		· 디스플레이 소재개발
		· 전지 소재개발
		· 공통업무
		[자격요건]
		· 학력 및 자격사항
		  - 대졸 이상
		  - 학사의 경우 경력 4년 이상 보유(석사는 2년 이상)
		  - 박사의 경우 기업체 경력 기간 무관
		· 해외여행에 결격사유가 없는 자 (남자의 경우 군필 또는 면제자)
			경기 (수원)

SDI 연구소 [연구개발]	경력	**[담당업무]**
		· UB 소재 개발
		· UB 극판 개발
		· 전고체 전지 개발
		· 재품/공정 Simulation
		[자격요건]
		· 학력 및 자격사항
		  - 석사 경력 4년 이상 보유
		  - 박사의 경우 기업체 경력 기간 무관
		· 해외여행에 결격사유가 없는 자(남자의 경우 군필 또는 면제자)
			경기 (수원)

		[담당업무]	
생산기술 연구 [연구개발]	경력	· 전지 생산설비 제어 프로그램 개발 · 열유동 해석(CAE) · 극판 공정 설비 개발 · Laser 가공 기술 및 설비 개발 [자격요건] · 학력 및 자격사항 - 학사의 경우 경력 6년 이상 보유(석사는 4년 이상) - 박사의 경우 기업체 경력 기간 무관 · 해외여행에 결격사유가 없는 자 (남자의 경우 군필 또는 면제자) [우대사항] · 국내 외 반도체 업체 개발/양산 기획 및 전략 업무 경험자 우대 · Data Science 활용 능력 및 통계 분석 능력 경험자 우대	충북 (청주)
중대형 전지 [연구개발]	경력	[담당업무] · 자동차/ESS용 셀 설계 및 선행 개발 · 자동차 모듈/팩 BMS S/W 설계 및 알고리즘 개발 · 선행 공법 및 설비 양산 기술 개발 [자격요건] · 학력 및 자격사항 - 유관 경력 4년 이상 (석사는 경력 2년 이상, 박사는 경력 무관) · 남성의 경우, 병역필 또는 면제자로 해외여행에 결격 사유가 없는 자 [우대사항] · Transistor 및 Front Module Process Integration 경력 우대 · Logic Semiconductor 개발 경력 우대 · High-k Metal Gate 기술 개발 및 양산 경력 우대 · IPA(Spotfire), JMP 사용자 우대 · 장애인 및 보훈대상자는 관련 법규에 의거 우대	경기 (이천)

3) 전형절차

· 지원서 작성 > 서류전형 > 1차면접 > 2차면접 > 최종합격

4) 취업 TIP

가) 채용 현황

신입/경력 채용현황

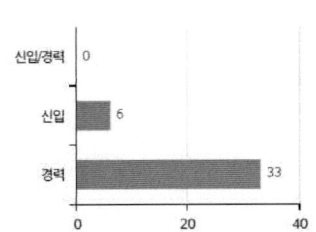

신입/경력	0
신입	6
경력	33

고용형태

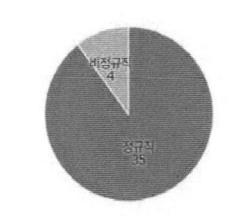

비정규직 4 / 정규직 35

주요 모집 직종

전기전자	12
기계설계	10
제품공정	10
금속재료	9
화학	9

최근재직자 현황

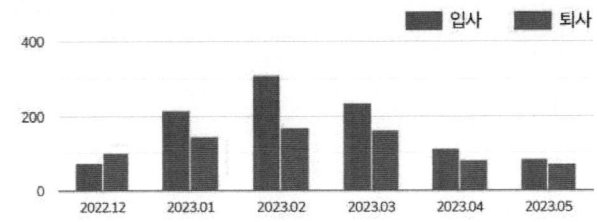

입사 / 퇴사

2022.12 / 2023.01 / 2023.02 / 2023.03 / 2023.04 / 2023.05

총 인원 11,784명

ⓘ 정보제공 : 국민연금공단

나) 참고 내용

복지제도	주택 대부 및 경조금 지원 / 선택적 복리후생 / 여가생활 / 교육비 지원 / 사내 어린이집 운영 / 상담 센터 운영 / 임직원 및 가족 의료비 지원
인재상	Integrity / Leardership / Global Competency / Speciality
미션	기술과 시장을 선도하는 창조적인 리더로의 변화와 혁신

나. SK하이닉스
1) 기업소개

[그림 6] SK하이닉스 로고

 1949년에 설립된 sk하이닉스는 sk계열사이며 메모리 반도체를 전문적으로 생산하는 기업이다. 주력 생산제품은 DRAM, 낸드플래쉬, MCP와 같은 메모리 반도체이며, 2007년부터 시스템LSI 분야인 CIS 사업에 재진출하여 종합반도체 회사로 영역을 넓혀가고 있다.

2004년에는 세계 최고속, 최대 용량의 그래픽 메모리 512Mb GDDR4 D램을 개발하고 2007년 최고속·최소형 1Gb 모바일 D램, 세계 최초 24단 낸드 플래시 MCP, 세계 최초 54나노 1Gb GDDR5를 잇달아 개발했다. 2009년에는 중국에 후공정 합작공장 하이테크(HITECH)를 설립하기도 했다.

현재 이천, 청주의 국내 사업장을 포함하여 중국 우시, 충칭에 4개의 생산법인과 미국, 영국, 독일, 싱가포르 등 10개국에 판매법인을 운영하고 있다. 이탈리아, 미국, 대만, 벨라루스 등지에는 4개의 연구개발법인을 보유하고 있다.

최근에는 소비자용 솔리드 스테이트 드라이브(SSD)의 라인업을 추가하며 시장 확대에 나서고 있다. 1TB와 500GB 용량 제품을 국내에 처음 출시한 데 이어 이번에 고용량인 2TB를 추가했다. 해당 제품으로 게이머와 크리에이터 등 고용량 컴퓨팅 환경을 요구하는 고객에게 최적의 솔루션을 제공하는데 기여하고 있다.

2) 채용공고 소개[2]

가) 부품, 소자 분야 경력사원 모집

모집부문	신입/경력	자격요건	근무지

품질보증	경력	**[담당업무]**
		· Module에서 사용되는 능/수동 소자 신뢰성 평가 및 승인 업무
		· 소자 고장 분석
		[자격요건]
		· 학력 및 자격사항
		  - 학사 이상
		  - 동종업계 6년 이상 근무자
		· 남성의 경우, 병역필 또는 면제자로 해외여행에 결격 사유가 없는 자
		[우대사항]
		· 가속수명시험, FIT산출, QFD에 의한 Reliability Test 설계
		· SEM/EDX, FT-IR, SIMS, PHEMOS/THEMOS 등 분석 장비를 통한 Failure Mechanism/해석 능력
		· 엑셀/PPT 능력 우수자
		· 장애인 및 보훈대상자는 관련 법규에 의거 우대
			경기
			(이천)

나) 반도체 양산/개발 기획 분야 경력 모집

모집부문	신입/경력	자격요건	근무지

FAB 기획	경력	**[담당업무]**
		· 반도체 양산/개발 기획 및 전략
		· 수익성 (손익/원가/비용) 분석
		· 주요 지표 (KPI) 수립/분석 및 개선 방안 도출
		· 전사 최적화 및 중점 추진 과제 리딩 및 협업
		· 주요 보고 자료 작성
		[자격요건]
		· 학력 및 자격사항
		  - 학사 이상
		  - 관련업무 4년 이상
		· 남성의 경우, 병역필 또는 면제자로 해외여행에 결격 사유가 없는 자
		[우대사항]
		· 국내 외 반도체 업체 개발/양산 기획 및 전략 업무 경험자 우대
		· Data Science 활용 능력 및 통계 분석 능력 경험자 우대
			충북
			(청주)

---

2) 인크루트

다) Media Algorithm FW Engineer 모집

SSD FW 개발	경력	[담당업무] · NAND 특성을 고려한 최적의 Defense 알고리즘 개발 · Solution의 성능/신뢰성 확보를 위한 알고리즘 개발/Architecting · Solution의 성능/신뢰성 확보를 위한 Spec 개발/Architecting [자격요건] · 학력 및 자격사항 - 학사 이상 - 동종업계 4년 이상 근무자 [우대사항] · NAND Operation 및 분포/성능에 대한 기본 이해 · Solution FW와 Reliability 특성 이해 · NAND 불량 현상 기반 개선안 도출 및 유관부서 협업 능력 · 장애인 및 보훈대상자는 관련 법규에 의거 우대	경기 (이천)

라) NAND설계 (Core) 경력사원 모집

Process Integration	경력	[담당업무] · Cell 특성 및 Tr 특성, Power Network을 고려한 분포/Disturb 최적화 구현 · 3D Cell 구조에 의한 Cell 특성 이해 및 Stack별 분포/Disturb 최적화 · Test를 통한 Cell Weak Point 분석 및 개선안 도출 · Weak Cell Screen ability 개선 · Simulation-Based 특성/성능/분포 예측 · Chip Size & Performance 고려한 Page Buffer 및 X-DEC 설계 [자격요건] · 학력 및 자격사항 - 경력 5년 이상 · 남성의 경우, 병역필 또는 면제자로 해외여행에 결격사유가 없는 자 [우대사항] · NAND Operation 및 분포/성능에 대한 기본 이해 · Cell 분포 및 성능 향상을 위한 Algorithm 개발 경험 · Page Buffer 및 X-DEC Circuit 설계 경험 · Simulation Tool(NCSIM,FINESIM,SPICE) 사용 경험 · 영어 가능자 우대	경기 (이천)

3) 전형절차

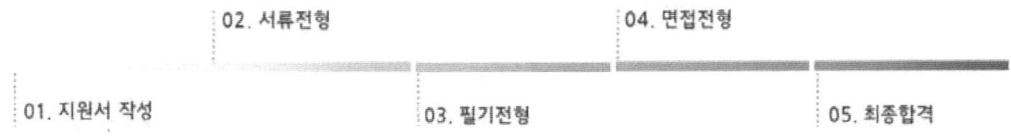

02. 서류전형 04. 면접전형

01. 지원서 작성 03. 필기전형 05. 최종합격

4) 취업 TIP

가) 채용 현황

신입/경력 채용현황

신입/경력 13
신입 19
경력 381

고용형태

비정규직 55
정규직 258

주요 모집 직종

반도체	142
반도체·디스플레이	74
전기전자	70
전략기획	30
공정엔지니어	28

최근재직자 현황

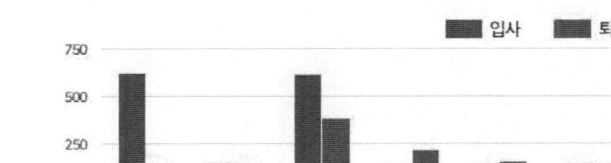

■ 입사 ■ 퇴사

2022.12 2023.01 2023.02 2023.03 2023.04 2023.05

총 인원31,315명

ⓘ 정보제공 : 국민연금공단

나) 참고 내용

주요서비스	D-RAM / NAND Flash / CIS
복지제도	휴무 기념일 / 인센티브 / 4대보험 / 주택자금 / 진료비 지원 / 연간 한국 왕복항공권 지원
인재상	**[첨단 기술을 실현할 수 있는 인재]** · 글로벌 반도체 시장을 선도하는 SK하이닉스의 첨단기술을 함께 실현할 수 있는 인재 · 기술에 대한 집념으로 한 발 앞서 시장을 읽고 움직이는 인재 **[지속적으로 소통하는 인재]** · 제품의 완성도를 위해 다양한 사람과 끊임없이 소통하고 경계를 넘어 협력하는 인재 · 자발적이고 의욕적인 두뇌활용하는 인재

	[도전하고 노력하는 인재] • 스스로 동기부여를 하고 성장을 위해 노력하는 인재 • 인간의 능력으로 도달할 수 있는 최고 높은 수준까지 도전하는 인재

다) 직무 소개

연구개발

· 설계
· 소자
· 공정
· R&D 장비기술
· 제품
· 시스템 엔지니어링
· 솔루션

제조기술

· 공정
· 패키지
· 테스트
· 품질보증
· 제조기획

영업마케팅

· 상품기획
· 영업마케팅

IT

· IT전략기획
· IT/SW 개발
· IT 인프라 기획/구축
· SW 엔지니어링 소개
· Data 엔지니어링 소개
· 스마트팩토리 소개
· 물류/반송제어

경영지원

· 회계/재무
· 구매
· 특허
· SHE
· 지속경영
· 기업문화
· 홍보
· HR
· 총무
· 유틸리티기술

Operator

· 반도체 제조
· 제조지원
· 품질검사

Maintenance

· 생산장비 set-up
· 교정 및 정비
· 장비유지
· 설비운영
· 유지보수

다. SK실트론

[그림 10] SK실트론 로고

1) 기업 소개

SK실트론은 1983년에 설립된 이래로 국내 유일 실리콘 웨이퍼 제조 전문기업이다. 주요 고객사는 삼성전자와 SK하이닉스가 있으며 수출 비중이 약 50%, 내수 비중이 약 40%이다. 2020년에는 1조 7006억원 매출로 창사 이래 최대 매출을 기록했다.

SK 실트론은 지난해 미국 듀폰의 실리콘카바이드 웨이퍼 사업부를 인수하며 차세대 웨이퍼 사업에 박차를 가하고 있다. 웨이퍼 공장 증설을 위해 미국 오번에 위치한 현 생산시설에 더해 베이시티에 약 4천평 부지를 증설할 계획이며 한국에서도 내년 하반기 양산을 목표로 공장 증설을 추진 중이다.

또한 해외 인증기관인 영국 카본 트러스트로부터 모든 제품의 '친환경' 인증을 획득했다. 300㎜ 웨이퍼 제품에 대해 '탄소 발자국' 인증을 받은 데 이어 200㎜ 웨이퍼 제품 등도 인증을 받았는데, 이는 글로벌 웨이퍼 업계 가운데 첫 사례였다. SK실트론이 생산한 모든 웨이퍼 제품은 이제 '카본 트러스트' 친환경 인증마크를 달고 전 세계 반도체 업계로 수출된다. 경쟁사로는 서울반도체, 제이셋스태츠칩팩코리아가 있다.

2) 채용공고 소개[3]

가) 제품개발 직무 경력직 수시 채용

모집부문	신입/경력	자격요건	근무지
제품개발	경력	**[담당업무]** · 반도체 (Memory, Logic, CIS) 기술 분석 및 Wafer 요구 특성 정의 및 수준 도출 · 반도체 (Memory, Logic, CIS) 제품에 대한 Issue 원인 분석 및 대책 논의 · Memory, Logic/CIS Qual. 대응 제품 설계, 생산성 검토 및 개발 필요 여부 파악 · 고객 Promotion 활동 (신규 고객 / 신규 제품) **[자격요건]** · 학력 및 자격사항 - 경력 3년 이상 · 화학공학, 금속/재료, 전자, 반도체 관련 학과 졸업자 · 반도체 Procces 및 구조 이해 전문성 · 제품 기획 역량 : 신규 제품 개발 및 Wafer 관점의 Solution 제안 · 문제 해결 역량 : 고객 요구, Issue 및 요구 사항에 대한 대책 수립 / 이행 · 소통 역량 : 고객의 요구를 이해하고 유관 부서와의 원활한 의사 소통 **[필요직무경험]** · 반도체 제조 라인 또는 관련 연구 기관 근무 경험 (3년 이상, Diffusion / PI 우대) · Si Wafer 제조 공정 또는 그에 상응하는 연구 기관 근무 경험 3년 이상	구미

---

3) 인크루트

나) Wafering개발 사무기술직 경력 수시 채용

모집부문	신입/경력	자격요건	근무지
Wafering 개발 [Shaping & Polishing]	경력	**[담당업무]** · 차세대 Shaping & Polishing 공정 설계 및 개발 · Polishing 경험자 (DSP 장비 Set up 및 공정개발 경력) · 기능성 부재료 개발 · 선행 개발 기술 양산 전파 · Open Innovation : 장비 & Parts 기획 및 양산화 **[자격요건]** · 학력 및 자격사항 - 경력 3년 이상 · 공정기술(제조, 불량, 수율) 경험자 · 기술 및 개발 경력 2년 이상 **[필요직무경험]** · Project 도출, Design, 완료까지 경험 · 통계 Tool 사용 Skill 및 경험 · 절삭, 연삭, 연마 장치 Set up 및 장비 전문가	구미

다) 측정기술/장비 직무 경력직 수시 채용

모집부문	신입/경력	자격요건	근무지
측정기술/ 장비	경력	**[담당업무]** · 측정기 운영 관리 및 개발 및 신뢰성 관리 · Recipe 운영 관리 및 개발 · 측정기 Set-up 및 국산화 **[자격요건]** · Wafer 및 반도체 공정 장비에 대한 전자/전기 지식 및 광학부에 대한 이해 · 장비 SPC 및 Gage R&R 설계 및 해석 역량 · 장비 Performance 향상을 위해 도전적이고 독창적인 Mind 보유 **[필요직무경험]** · 장비 유지보수 관련 표준화 및 고장 분석 경험 · 장비 Recipe 관리 및 개발 경험 · 장비의 신규 도입 및 Set-up 경험 **[우대사항]** · Wafer 또는 반도체 장비 기술 경력 보유자	구미

3) 전형절차

02. 서류전형   04. 면접전형   06. 최종 합격

01. 입사지원   03. 인/적성검사   05. 신체검사

4) 취업 TIP[4]

가) 채용 현황

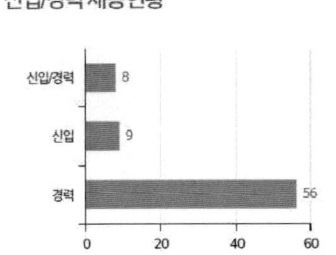

신입/경력 채용현황
- 신입/경력 8
- 신입 9
- 경력 56

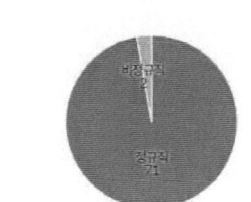

고용형태

주요 모집 직종

반도체	13
공정엔지니어	10
제품공정	10
공정관리	9
전기전자	8

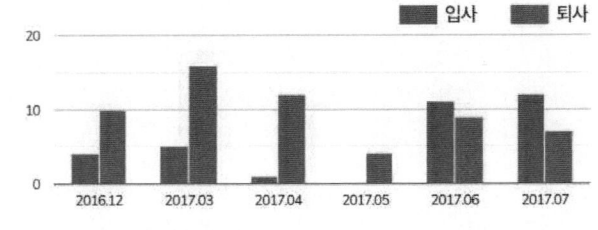

최근재직자 현황

■ 입사   ■ 퇴사

2016.12   2017.03   2017.04   2017.05   2017.06   2017.07

총 인원 2,506명

ⓘ 정보제공 : 국민연금공단

나) 참고 내용

복지제도	휴무 / 기념일 / 4대보험 / 자기계발지원 / 보상 / 기숙사 / 구내식당 / 통근버스 / 교통비 / 주택자금 / 중,고,대학 학자금 지원
인재상	**[패기를 실천하는 인재]** - 경영철학에 대한 확신 - 스스로 동기를 부여하여 높은 목표에 도전 - 기존의 틀을 깨는 과감한 실행 - 팀워크를 통한 Synergy 발휘
비전	전 세계 반도체 시장을 이끌어 나가는 대한민국의 시작, SK실트론

---

4) 인크루트

라. 텔레칩스

Telechips

[그림 13] 텔레칩스 로고

1) 기업 소개

텔레칩스는 1999년 설립된 멀티미디어 및 디지털 통신 분야의 반도체 전문기업이다. 스마트 기기에 적용되는 어플리케이션 프로세서(Application Processor), 각종 모바일 방송 표준을 지원하는 모바일 TV 수신칩 그리고 블루투스, WiFi, GPS 등을 개발해 판매하고 있다.

2000년 세계 유일의 디지털 기반 발신자 정보 표시칩(Caller ID Chipset)을 개발했고, 2001년 세계 최초로 MP3 실시간 녹음 · 재생 칩을 출시했다. 2005년 세계 최초로 플래시 타입 MP3플레이어용 칩으로 마이크로소프트의 플레이즈포슈어(PlaysForSure) 인증을 받았으며 2007년에는 국내 최초로 차량용 오디오 프로세서를 국내 완성차 제조사에 공급했다.

2011년 세계 최초로 안드로이드 스마트미디어 플레이어 솔루션을 양산하기 시작했다. 2013년 구글 모바일 서비스를 탑재하기 위한 호환성 인증(CTS)의 '스마트 스틱(Smart Stick)' 솔루션을 세계 최초로 상용화했다. 2015년 국내 최초로 차량용 AVN 프로세서를 국내 완성차 제조사에 공급하는 등 텔레칩스는 멀티미디어 및 통신 관련 응용분야에 필요한 반도체 및 솔루션을 주력으로 개발해 공급해왔다. 그 해 7월에 지식경제부가 주관하는 '월드 클래스 300 기업'에 선정되었다.

2) 채용공고 소개[5)]

가) 대구 R&D Center

모집부문	신입/경력	자격요건	근무지
SoC Enginer	경력	**[담당업무]** · 텔레칩스 대구연구소 SoC 부분 팀장 · 반도체 개발/검증/테스트 · 대구연구소 SoC 부문 인력 양성 **[자격요건]** · 학력 및 자격사항 - 학사학위 소지자이며 13년 이상의 경력자 또는 석사학위 이상 보유자이며 10년 이상의 경력자 · 반도체 설계 분야 또는 밀접한 분야 경력자 · Verilog HDL, 기타 HDL에 대한 지식 · Python 등 Script Language · Application Precessor에 대한 이해력 **[우대사항]** · ABM Based Application Processor 설계/검증 경험 · MIPI-CSI, DSI, DP 등 High speed interface IP 경험자 · PCle, UFS 등의 High speeed interface IP 경험자 · Semiconductor Testing & Testable Desgin · Physical Implementation 경험 · Design Compiler, PrimeTime 등 Timing Analysis 기법	대구
SoC Enginer	신입	**[담당업무]** · IPVerification & Design 설계 및 검증 · Digital 설계 · Physical Implementation을 위한 SDC 생성 및 STA **[자격요건]** · 학력 및 자격사항 - 관련분야 학사학위 이상 · 디지털 시스템에 대한 이해 · Verilog HDL · C/C++ 언어 [우대사항] · 석사학위 이상 우대 · Python 등의 Script Language 활용 가능하신 분 · SystemVerilog, System-C 등 활용 가능하신 분	대구

---

5) 잡코리아

나) 판교사옥 모집부문

모집부문	신입/경력	자격요건	근무지
Embedded S/W 개발자	경력	**[담당업무]** · Linux Kermel BSP Driver 개발 · Linux/Android Framework 개발 · Platform/Application 개발 **[자격요건]** · 학력 및 자격사항 - 경력 3년 이상 · C/C++ 언어 중급이상 · Embedded System 개발 경험	대구
Auto motive MCU	경력	**[담당업무]** · MCU 제품군에 대한 칩검증, BSP, 솔루션 개발 · MCU 제품군의 Classic AUTOSAR 지원을 위한 MCAL을 개발 **[자격요건]** · MCU 제품군의 칩검증 및 BSP, Device Driver 개발 경험 · MCU 펌웨어/소프트웨어 개발 경험 · C/C++ 중급 이상 **[우대사항]** · 전자, 컴퓨터공학, 메카트로닉스 전공자 우대 · AUTOSAR MCAL 개발 경험자 우대 · AUTOSAR BSW/MCAL Configuration 및 검증 경험자 우대 · CAN/LIN/ETH 통신 기술 개발 및 검증 경험자 우대 · Boot Loader/RTOS 개발 경험자 우대 · ISO26262 개발 실무자 우대 · 영어가능자	대구

3) 전형절차

· 서류접수 > 서류심사 > 1차면접 > 2차면접 > 최종합격

4) 취업 TIP[6)

가) 채용 현황

신입/경력 채용현황

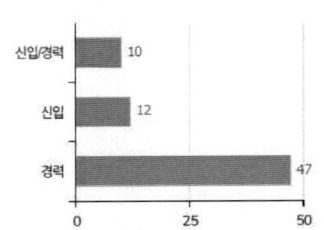

신입/경력	10
신입	12
경력	47

고용형태

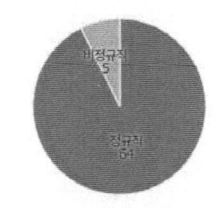

비정규직
5

장규직

주요 모집 직종

Linux	12
S/W 엔지니어	9
회로설계	8
반도체	8
H/W 엔지니어	7

최근재직자 현황

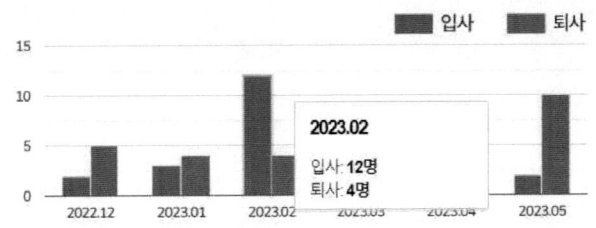

입사   퇴사

2023.02
입사: 12명
퇴사: 4명

2022.12 2023.01 2023.02 2023.03 2023.04 2023.05

총 인원 345명

ⓘ 정보제공 : 국민연금공단

나) 참고 내용

복지제도	자율출근제도 / 정기휴가 5일 / 장기근속 휴가 / 프리미엄 콘도 지원 / 육아물품 지원 / 입학 축하금 지원 / 보상제도
비전	고객이 원하는 미래에 혁신적 가치를 연결하여 항상 새로움을 전달한다.
미션	고객을 위한 최고의 경쟁력과 편리함을 창조한다

---

6) 인크루트

마. 이노크리시스템

[그림 15] 이노크리시스템 로고

1) 기업 소개

2017년에 설립된 이노크리시스템㈜은 전기공사 및 통신공사 면허를 보유하고 반도체 및 기타 산업부문에서 전기, 계장 및 Heater 공사의 설계 및 시공 분야에 Total Engineering Solution의 기술을 보유하고 있다.

광명에 본사를 기반으로 안산(제조공장 및 자재창고), 평택(전기공사 현장사무실) 사무실 및 중국 우시 와 미국 오스틴에 법인 사무실을 보유하고 있습니다.

최근 ABB코리아社 전기화 사업부 공식 특약대리점 체결을 통해 신규 사업 추진에 전력을 다하고 있다. 이노크리시스템은 반도체 설비 전기유틸리티 시공, 반도체 장비컨트롤러 제작을 뛰어넘어 설계, 제작, 유지, 보수 등 ONE-STOP서비스를 제공하는 업체로서의 변화를 모색하고 있다.

당사의 도전과 발전은 이러한 변화를 가능케 하였으며 Turn-Key 방식에 의한 Gas Plant 전기공사 및 반도체 Gas 공급장치 분야 등을 통해 종합 전기공사 엔지니어링 회사로 거듭나고 있다.

2) 채용공고 소개[7]

가) 반도체플랜트 자동화장비 기구설계/전장설계&PLC경력사원 모집

모집부문	신입/경력	자격요건	근무지
기구설계	경력	**[담당업무]** · AUTO CAD/ SOLID WORKS/ 3D 모델링 · 시제품의 조립 및 현장 SET UP 업무지원 · 고객사 대응 **[자격요건]** · 학력 및 경력 사항 　- 학력: 대학(2,3년) 졸업 이상 　- 경력 : 경력 5년 ~ 15년(과장, 차장급) · 전기설계&PLC, 전장설계, Auto CAD, Solidworks 3D, CS/셋업/고객사대응 **[필요직무경험]** · 2D CAD 와 3D CAD / SOLID WORKS의 능숙한 사용 · 공압, 유압, 전기를 이용한 자동화장비 및 구동계 설계경험.	경기 (안산)
전장설계 PLC	경력	**[담당업무]** · 자동화장비 전장설계 및 SET UP, 콘트롤박스 조립 및 PLC프로그래밍 · 반도체 플랜트 가스공급설비에 들어가는 장비의 전장설계 · 반도체장비, 자동화장비의 전장작업 · 장비의 조립 및 SET UP · 고객사 대응 **[자격요건]** · 학력 및 경력 사항 　- 학력: 대학(2,3년) 졸업 이상 　- 경력 : 경력 5년 ~ 15년(과장, 차장급) · 전기설계&PLC, 전장설계, Auto CAD, Solidworks 3D, CS/셋업/고객사대응 **[필요직무경험]** · 전장설계, PLC경력 5년 이상인 자 (경력 미달자 지원 불가) · 2D CAD 도면의 작성과 이해능력 · 전기도면을 보고 판넬 제작이 가능한 자 · PLC 원리 및 기초에 관한 이해 · PLC 래더를 접해본 경험	경기 (안산)

---

7) 사람인 채용공고

나) 반도체 플랜트 전기설계 경력직 채용

모집부문	신입/경력	자격요건	근무지
전기설계	경력	**[담당업무]** · 케이블 스케쥴링 작성 · 전기 용량 산정 · SLD(SINGLE LINE DRAWING) 도면 작성 및 이해 · 기타 플랜트 전기설계 관련 업무 **[자격요건]** · 학력 및 경력 사항 - 학력: 대학(2,3년) 졸업 이상 · 전기·배선·발전, 플랜트설계, 전기안전, 전기시공, PLANT, 안전 **[우대사항]** · 2D CAD 관련 자격증 보유자, 전기기사 또는 관련 자격증 보유자 · 운전가능자	경기 (안산)

3) 전형절차

모집 공고 → 서류 전형 → 면접 전형 → 최종 합격

4) 취업 TIP[8]

가) 채용 현황

신입/경력 채용현황

신입/경력   1
신입   0
경력   9

고용형태

정규직 10

주요 모집 직종

전기설계	3
건설안전	2
공무	2
전기안전	2
반도체	2

나) 참고 내용

복지제도	보상 / 명절선물 / 자기계발 지원 / 점심식사 제공 / 음료 제공 / 탄력근무제 / 자유복장 / 회식,야근 강요 없음 / 주차비 지원
인재상	· 근면하고 성실한 화합하는 인재 · 변화를 주도해 나가는 창조하는 인재 · 기술과 도전정신, 인간성을 갖춘 인재 · 추진성을 겸비하는 인재

8) 사람인

3. 기업 취업을 위해
꼭 알아야 할 기본 개념들

3. 기업 취업을 위해 꼭 알아야 할 기본 개념들

가. 반도체의 정의

[그림 19] 반도체

우리는 반도체와 차세대 반도체를 살펴보기 이전에 반도체의 정의에 대해 알아볼 필요성이 있다. 반도체는 말 그대로 반+도체로, 도체와 부도체의 중간 성질을 가진 물질이다.

도체는 전기 혹은 열이 잘 흐르는 물질로 철, 전선, 알루미늄, 금 등이 해당된다. 부도체는 전기 혹은 열이 흐르지 않는 물질로 유리, 도자기, 플라스틱 등이 해당된다. 전기공학에서 전기가 흐르는 정도를 나타내는 전기전도도를 이용하여 도체와 부도체를 설명하면, 도체는 전기전도도가 아주 큰 반면, 부도체는 전기전도도가 거의 0에 가깝다고 할 수 있다.

반도체는 이름 그대로 도체와 부도체의 중간 성질을 지니고 있는 물질로, 전기전도도 또한 도체와 부도체의 중간정도이다. 순수 반도체의 경우 부도체와 마찬가지로 전기가 거의 통하지 않지만, 어떤 인공적인 조작을 가하면 도체처럼 전기가 흐른다. 이때, 인공적인 조작은 빛 혹은 열을 가하거나 특정 불순물을 주입하는 것을 포함한다.

반도체를 이해하기 위해서 우리는 기본적으로 원소와 원자의 구조에 대해 살펴보아야 한다. 원자는 물질의 가장 작은 단위로, 어떠한 물질을 계속 분해하다 보면 원자라는 가장 작은 입자가 만들어진다.

원자(Atom)은 양성자(Proton), 중성자(Neutron), 전자(Electron)으로 구성되는데, 원자는 양성자와 중성자로 된 원자핵을 중심으로 전자들이 일정한 궤도를 돌고 있는 모양을 띈다.

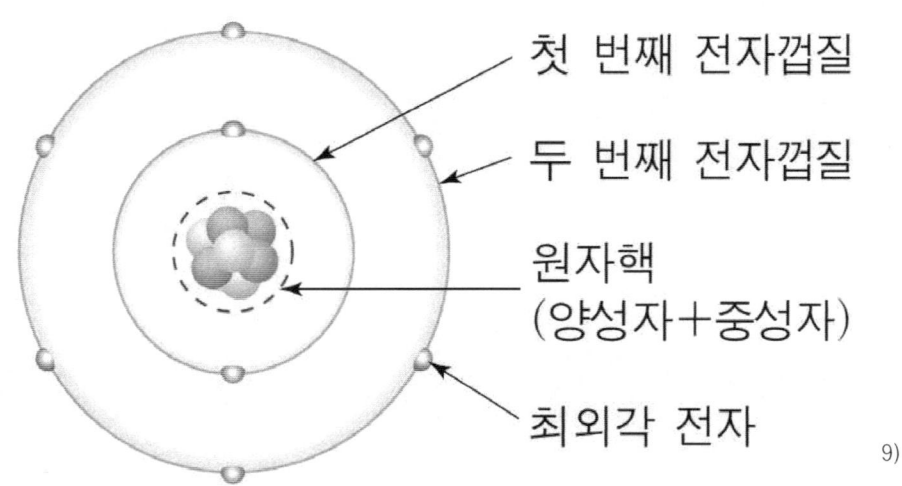

첫 번째 전자껍질

두 번째 전자껍질

원자핵
(양성자＋중성자)

최외각 전자

9)

[그림 20] 원자의 구조

이때, 원자핵 주변을 돌고 있는 전자의 궤도 중 가장 바깥쪽 궤도를 돌고 있는 전자를 '최외각 전자'라고 한다. 최외각 전자는 8개를 채우려는 성질이 있는데 이는 원자와 원자를 결합시키는 원동력이 되어 분자(Molecule)를 만들게 된다. 현재 에너지를 가하여 전자를 떼어낼 수 있는 부분 또한 최외각 전자이다.

최외각 전자는 원자핵의 양성자 개수와 일치하는데, 1개부터 8개까지 존재할 수 있으며 최외각 전자의 개수가 같은 원자들끼리는 유사한 성질을 가지게 된다. 따라서 비슷한 성질을 가지는 물질을 최외각 전자의 개수에 따라 분류해 놓은 표를 '주기율표'라고 하며, 주기율표에 따라 원자들은 I족부터 Ⅷ족으로 구분된다. 이때 Ⅷ족은 0족이라고도 한다.

---

9) ZUM 학습백과

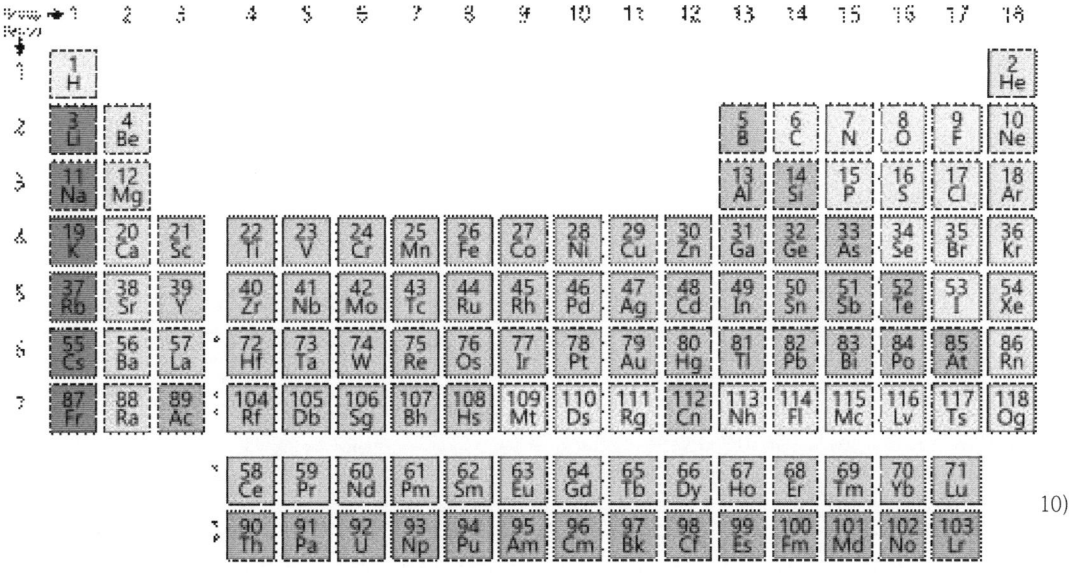

[그림 21] 주기율표

주기율표에서는 각 원자마다 원자번호가 주어지는데, 원자번호는 원자핵의 개수와 일치한다. 즉, 원자 번호 1번인 수소의 원자핵은 1개이며, 원자 번호 2번인 헬륨의 원자핵은 2개이다. 만약, 원소가 전기적인 중성이라면, 전자의 개수는 원자핵의 개수와 동일한 것이다. 이처럼 원자번호를 이용하면 쉽게 원자핵의 개수와 전자의 개수를 알아낼 수 있다.

주기율표에서 1~18까지 위에 적혀있는 숫자들을 우리는 족이라고 부르며, 세로로 1~7까지 적혀있는 숫자를 주기라고 부른다. 3~12족의 경우 예외적인 성질을 보이기 때문에 이들을 제외한 1~2족, 13~18족까지를 사용하여 최외각 전자를 포함한 개념들을 살펴보도록 하자.

도대체 주기와 족은 어떠한 내용을 나타내는것일까? 먼저, 주기는 전자껍질의 개수를 나타낸다. 각 전자껍질에 올 수 있는 전자 수는 $2N^2$(N = 전자껍질의 번호)개 이다. 즉, 첫 번째 전자껍질에는 2개의 전자가, 2번째 전자껍질에는 8개가 올 수 있는 것이다.

원자번호 1번인 수소는 전자가 1개이므로 첫 번째 전자껍질에 1개의 전자가 들어가게되고, 헬륨은 원자번호가 2이므로 전자 2개가 첫 번째 전자껍질에 들어가게 된다. 이때, 이미 첫 번째 전자껍질의 한도는 가득 차게 된다. 원자번호 3번인 리튬은 첫 번째 전자껍질에 2개의 전자가, 2번째 전자껍질에 1개의 전자가 들어간다.

---

10) 위키백과

이때, 가장 바깥 껍질에 있는 전자의 수가 최외각 전자의 수라고 할 수 있는 것이다. 즉, 다시 말하자면 마지막 전자가 높이는 껍질의 번호가 주기이며, 해다 껍질에 들어있는 전자의 수가 족이라고 할 수 있는 것이다.

최외각 전자를 배치할 때에는 옥텟규칙(Octet's Rule)을 염두해두어야 한다. 네온(Ne), 아르곤(Ar) 등과 같이 다른 원소와 반응하지 않는 안정한 원소들은 가장 바깥 껍질에 8개(단, 헬륨(He)은 2개)의 전자를 가지는 공통점이있다. 이처럼 원자들은 가장 바깥 껍질에 8개의 전자를 채워 안정한 전자배치를 가지려고 하는 경향이 있는데 이를 옥텟 규칙이라고 한다.

우리는 왜 이렇게 최외각전자를 중요하게 생각하는 것일까? 내부 껍질에 위치한 전자들은 핵에 대한 인력으로 인해 맘대로 떨어져나올 수 없지만, 최외각의 전자들은 일정 에너지 이상의 에너지가 외부에서 공급되면 쉽게 껍질을 탈출하게 된다.

이때, 최외각 전자들의 개수에 따라 자유전자가 되기 위해 필요한 에너지의 양이 다른데, 1~3족까지는 아주 적은 양의 에너지만 줘도 쉽게 자유전자가 된다. 따라서 1~3족까지는 도체의 성질을 띄게 된다.

4~5족은 어느 정도의 에너지를 주면 자유전자가 되기 때문에 반도체의 성질을 띄며 6~8족은 아주 많은 에너지를 주어야 자유전자가 될 수 있기 때문에 부도체의 성질을 띈다. 즉, 최외각 전자의 수가 많으면 많을수록 결속력이 강해 부도체의 성질을 띄는 것이다.

반도체는 크게 원소 반도체와 화합물 반도체로 나눌 수 있다. 원소 반도체는 주기율표의 4족에 있는 원소 한가지로 구성된 반도체로, 실리콘(Si)과 게르마늄(Ge)이 있다. 특히 실리콘의 경우 집적회로 IC(Integrated Circuits)에 가장 많이 사용되는 반도체이다. 화합물 반도체는 주기율표의 3족, 5족 원소들의 결합으로 이루어지는 반도체를 말한다.

반도체의 전기전도도는 반도체 물질에 불순물을 주입하는 방법을 통해 조절하는데, 주입하는 불순물의 양에 따라서 반도체 물질의 전기전도도를 조절할 수 있다.

나. 반도체의 분류
1) 제품별 분류
가) 메모리 반도체[11]

메모리 반도체는 정보(Data)를 저장하는 용도로 사용되는 반도체로, 메모리 반도체에는 정보를 기록하고 기록해 둔 정보를 읽거나 수정할 수 있는 램(RAM, 휘발성)과 기록된 정보를 읽을 수만 있고 수정할 수는 없는 롬(ROM, 비휘발성)이 있다.

정보 저장방식에 따라 램(RAM)에는 D램과 S램 등이 있으며, 롬(ROM)에는 플래시 메모리 등이 있다.

메모리 반도체는 말 그대로 기억장치이므로, 얼마나 많은 양을 기억하고(대용량) 얼마나 빨리 동작할 수 있는가(고성능)가 중요하다. 또한 최근 모바일 기기의 사용과 그 중요도가 높아지면서 메모리의 초박형과 저전력성 역시 중요해지고 있다.

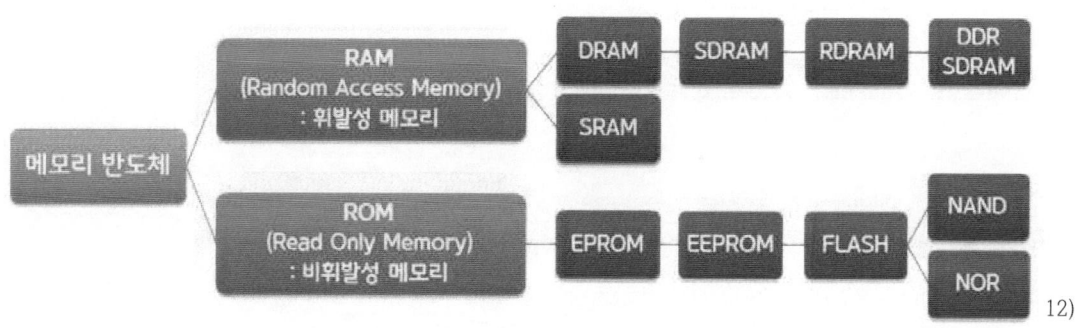

[그림 22] 메모리 반도체의 종류

최근 메모리반도체 가격하락과 미.중 무역갈등 심화로 반도체 산업의 불확실성이 높아지는 가운데, 이를 타계하기 위한 방안으로 3D 메모리와 관련된 기술개발이 활발하게 이루어지고 있으며 이와 관련된 특허출원도 증가하고 있다. 3D 메모리 기술은 반도체 소자를 여러 층 적층함으로써 단위면적당 저장용량을 극대화시키는 반도체 제조공법으로, 대표적인 제품으로 비휘발성 메모리 분야에서의 3D 낸드플래시, 휘발성 메모리 분야에서의 광대역폭 메모리(High Bandwidth Memory)가 있다.

3D 낸드플래시는 기존 2D 반도체 제조에서 각광받던 미세공정기술이 한계에 부딪치자, 이를 극복하기 위해 2차원으로 배열된 반도체 소자를 수직으로 적층한 메모리반도체로, 현재 96층 3D 낸드플래시가 양산되고 있다.

---

11) 높이, 더 높이! 메모리반도체에 부는 고층화 열풍/특허청
12) 삼성 반도체 이야기

이러한 3D 낸드플래시는 대용량.고속 처리가 요구되는 인공지능, 가상현실, 빅데이터 분야에서 널리 사용되고 있어, 시장규모가 급속히 커지고 있는데, 세계시장 규모는 2016년 371억 달러에서 2021년 500억 달러 이상으로 급격히 성장할 것으로 전망된다.

광대역폭 메모리는 DRAM을 여러 층 쌓은 후, 실리콘 관통전극(Through Silicon Via)로 이용하여 상호 연결한 다층 메모리반도체로, 전력소모가 낮고, 데이터 처리용량이 높을 뿐만 아니라, GPU 등 시스템반도체와 연결이 용이하다는 장점으로 차세대 반도체 기술로 주목받고 있다.

(1) 비메모리 반도체[13]

비메모리 반도체는 시스템 반도체라고도 불리며, 논리와 연산, 제어 등 데이터 처리 기능을 수행하는 반도체다. 데이터와 소프트웨어(SW) 등의 정보를 저장·기억하는 D램, 낸드플래시와 같은 메모리반도체와는 달리 디지털화된 전기적 정보를 연산하거나 처리한다.

시스템반도체는 다품종 수요 맞춤형으로 제품군이 다양하다. 정보를 입력받아 기억하고 컴퓨터 명령을 해석·연산해 외부로 출력하는 CPU(중앙처리장치), 스마트폰의 두뇌 역할을 하는 애플리케이션 프로세서(AP), 자율주행차에 들어가는 AP, 이미지센서 등이 시스템반도체에 해당한다.

특정 목적에 맞는 처리기능이 핵심이므로 논리회로 설계 방식에 따라 제품 성능이 좌우된다. 따라서 설계 아이디어와 고급 인력이 핵심이다. 메모리반도체가 대량 데이터의 고속저장이 핵심이기 때문에 공정미세화 등 생산기술이 중요한 것과 대비된다.

시스템 반도체는 특히 AI(인공지능)·IoT(사물인터넷)·자율차 등으로 대표되는 4차 산업혁명에서 핵심 부품으로 향후 지속적 성장이 전망된다.

시스템반도체 산업은 메모리반도체와 달리 설계와 생산이 분업화된 구조가 일반적이다. 삼성전자, SK하이닉스, 미국 인텔, 일본 도시바 등 일부 업체는 종합반도체회사로 설계와 제조, 테스트, 패키징 등 모든 생산과정을 수행한다.

---

13) 알쏭달쏭 반도체 용어... 시스템반도체? 비메모리?/머니투데이

2) Value Chain별 분류[14]
가) IDM(종합 반도체 업체)

종합 반도체 업체(IDM)은 반도체 설계부터 완제품 생산까지 모든 분야를 자체 운영하는 업체로, 반도체 업체는 칩 설계부터 완제품 생산 및 판매까지 모든 분야를 자체 운영하는 '종합 반도체 업체(IDM)', 반도체 제조과정만 전담하는 '파운드리 업체(Foundry)', 그리고 설계 기술만을 가진 '반도체 설계 업체(Fabless)'로 구분된다.

종합 반도체 업체는 반도체 생산설비만을 갖추고 있는 파운드리 업체와 반도체 설계만을 전문으로 하는 팹리스 업체와는 달리 설계 기술과 생산 설비를 모두 보유한 대규모의 반도체 업체이다.

나) 팹리스(Fabless)

반도체 설계 업체(Fabless)는 반도체 생산라인을 뜻하는 FAB(Fabrication)과 '~이 없다'라는 의미의 접미사 less의 합성어로, 생산라인이 없는 반도체 회사라는 뜻이다. 생산 라인만 가진 것은 파운드리(Foundry) 업체라고 한다.

반도체 개발에서 설계가 가장 중요하지만 이를 생산하기 위해선 실제 생산라인도 필요하다. 하지만 하나의 생산라인 건설에는 천문학적인 비용이 소요되기 때문에, 설계 전문인 팹리스 업체는 파운드리 업체를 통해 위탁 생산을 한다.

즉, 팹리스 업체는 파운드리 업체에 위탁 비용을 지불하고, 파운드리 업체가 대신 생산한 반도체를 팔아 이익을 얻는 구조이다.

다) 파운드리(Foundry)

파운드리 업체는 제품 설계를 외부에서 넘겨받아 반도체를 생산하는 위탁 업체이다. 즉 반도체 생산설비를 갖추고 있지만 직접 설계하여 제품을 만드는 것이 아니라, 위탁하는 업체의 제품을 대신 생산해 이익을 얻는 것이다.

---

14) 삼성 반도체 이야기

다. 반도체의 제조공정[15]

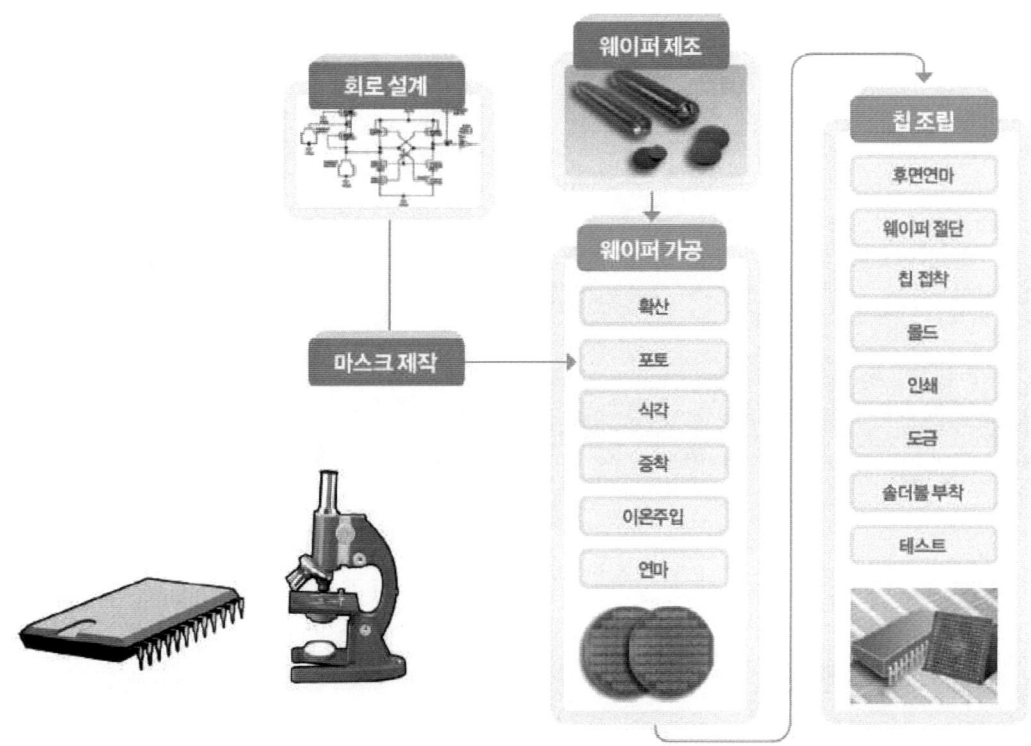

[그림 23] 반도체 제조공정

1) 웨이퍼 제조

웨이퍼 제조 공정은 모래로부터 실리콘(Si)을 고순도로 정제하여 기둥 모양의 잉곳(Ingot)을 만든 후, 얇게 잘라서 원판 모양으로 만드는 공정으로 세부 공정에 대해 간략하게 살펴보면 다음과 같다.

① 단결정 성장
고순도로 실리콘용 융액에 SPEED 결정을 접촉, 회전시키면서 단결정 규소봉(INGOT)을 성장 시키는 공정

② 규소봉 절단
성장된 규소봉을 균일한 두께의 얇은 웨이퍼로 잘라내는 공정으로 웨이퍼의 크기는 규소봉의 직경에 따라 3", 4", 8", 12"로 만들어진다.

---

15) 반도체체조공정, 안전보건공단, 안전보건실무길잡이

③ 웨이퍼 표면 연마
 웨이퍼의 한쪽 면을 연마하여 거울면처럼 만들며, 이 연마된 면에 회로 패턴을 넣는
공정

④ 회로 설계
전자회로와 실제 웨이퍼 위에 그려질 회로 패턴을 설계하는 공정

⑤ MASK(RETICLE) 제작
설계된 회로 패턴을 유리판 위에 그려 MASK(RETICLE)를 만드는 공정

2) 전공정

 웨이퍼를 가공하여 반도체 회로를 형성하고 집적하는 과정으로, 산화막 형성, 증착,
세정, PR코팅, 노광, 이온주입, 현상, 식각 등의 과정이 있으며, 반도체 소자에 따라
이러한 과정을 수십회 반복한다.

⑥ 산화(OXIDATION)공정
 고온(800~1200°C)에서 산소나 수증기를 실리콘 웨이퍼 표면과 화학반응시켜 균일한
실리콘 산화막($SiO2$)을 형성시키는 공정

⑦ 감광액 도포
 빛에 민감한 물질인 PR을 웨이퍼 표면에 고르게 도포시키는 공정

⑧ 노광(EXPOSURE)
 STEPPER를 사용하여 MASK에 그려진 회로 패턴에 빛을 통과시켜 PR막이 형성된
웨이퍼위에 회로 패턴을 사진 찍는 공정

⑨ 현상(DEVELOPMENT)
 웨이퍼 표면에서 빛을 받은 부분의 막을 현상시키는 공정(일반 사진 현상과 동일)

⑩ 식각(ETCHING)
 회로 패턴을 형성시켜 주기 위해 화학물질이나 반응성 GAS를 사용하여 필요 없는
부분을 선택적으로 제거시키는 공정

⑪ 이온 주입 공정
 회로 패턴과 연결된 부분에 불순물을 미세한 GAS 입자 형태로 가속하여 웨이퍼의
내부에 침투시킴으로써 전자소자의 특성을 만들어 주는 공정

⑫ **화학 기상증착 공정**

 GAS 간의 화학반응으로 형성된 입자들을 웨이퍼 표면에 증착(蒸着)하여 절연 막이나 전도성 막을 형성시키는 공정

⑬ **금속배선**

웨이퍼 표면에 형성된 각 회로를 알루미늄선으로 연결시키는 공정

3) 후공정

 반도체 후공정은 전공정 과정을 통해 가공된 웨이퍼를 잘라 각각의 칩을 프로브 테스트, 패키징등을 거쳐 완성품으로 만드는 과정을 말한다. 전공정 대비 규모는 작지만, 전공정 과정이 한계에 부딪힘에 따라 후공정의 중요성이 증가하고 있다.

⑭ **웨이퍼 선별**

 웨이퍼에 형성된 IC칩들의 전기적 동작 여부를 컴퓨터로 검사하여 불량품을 자동선별하는 공정

⑮ **회로 설계**

 회로 설계 프로그램을 이용하여 전자회로와 실제 웨이퍼 위에 그려질 회로 패턴을 설계하는 공정

⑯ **마스크 제작**

 설계된 전자회로를 전자빔 등의 설비를 이용하여 각 층별로 나누어 유리판에 옮기는 공정으로, 여기에서 제작된 마스크는 포토공정에서 웨이퍼에 회로를 형성할 때 사용된다.

⑰ **웨이퍼 가공**

 웨이퍼 표면에 여러 종류의 막을 형성시켜, 이미 만들어진 마스크를 사용하여 특정 부분을 선택적으로 깎아내는 작업을 반복함으로써 전자회로를 구성해 나가는 공정으로, 산화, 감광액 도포, 노광, 현상, 식각, 이온 주입, 증착, 세정 등의 세부공정으로 구성된다.

⑱ **칩 조립**

 가공된 웨이퍼를 낱개의 칩(Chip)으로 잘라 리드프레임 등에 부착하고, 금속 연결, 몰드(성형), 인쇄, 테스트 등을 통해 제품을 생산하는 공정

[그림 24] 반도체 제조공정 흐름도

라. 차세대 반도체
1) AI 반도체[16]

인터넷, 스마트 폰을 통한 데이터 수가 급격히 증가하고, 이를 수집/분석하기 위한 빅데이터 처리 환경이 발전하고 있다. 또한, 기계학습 알고리즘(딥러닝 등) 기술의 진화로 인하여 인공지능의 정확도가 급격히 향상되고 있으며 자율주행차, IoT 등 타 산업의 적용이 확대되고 있다. 이러한 상황에서, 4차 산업혁명이 불러온 새로운 기술의 발전과 함께 반도체 성능의 고도화를 요구하며 인공지능 반도체가 시스템 반도체의 새로운 기회 요인으로 각광받고 있다.

데이터 입력 순서에 따라 순차적으로 처리하는 기존 반도체(CPU)는 기계학습, 추론과 같은 대규모 데이터를 처리하기에는 연산 속도 및 전력 등의 한계가 존재한다. 특히 CPU가 중앙에서 모든 데이터를 처리·제어하므로 연산량이 많아질수록 CPU와 메모리 사이의 병목현상이 발생하여 대규모 데이터를 처리 할 경우 속도 저하 및 막대한 전력 소모를 발생시킨다.

따라서, 이를 해결하기 위해 인공지능 반도체가 대두되고 있다. 인동지능 반도체에 대한 정의는 활용범위에 따라 다양하지만, 가장 간단하게는 인공지능 구현을 위해 요구되는 데이터 연산을 효율적으로 처리하는 반도체라고 할 수 있다. 즉, 인공지능 반도체는 인공지능 기술의 핵심 기술 중 학습·추론 기술을 구현하기 위해 사용되는 데이터 연산처리를 저 전력 및 고속 처리 등 효율성 측면에서 특화한 반도체라고 할 수 있다.

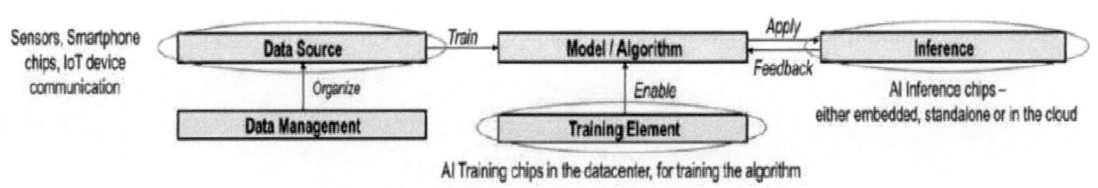

[그림 25] 인공지능 구현을 위한 반도체 활용 범위

인공지능 반도체는 인공지능 시스템의 구현 목적에 따라 크게 학습용과 추론용으로 구분할 수 있으며, 두 가지 과정을 반복 실행하여 최적의 답을 찾도록 성능을 강화하는데 주로 사용된다. 학습용 반도체는 딥 러닝 등 기계 학습의 특정 작업을 수행하기 위해 방대한 데이터를 통해 반복적으로 지식을 배우는 단계에 활용되며, 추론용 반도체는 학습을 거친 최적의 모델을 통해 외부 명령을 받거나 상황을 인식하면 학습한 내용을 토대로 가장 적합한 결과를 도출하는 단계에 사용된다.

---

16) 인공지능(반도체), 나영식, 조재혁, KISTEP 기술동향브리프

기존 인공지능 시스템은 주로 데이터센터에서 학습과 추론을 병행하여 사용되었으나, 스마트 폰 및 IoT 등의 보급 확산, 클라우드 기술 발전과 동시에 디바이스의 추론 기능의 수요가 증가하면서 이를 위한 반도체 기술 중심으로 발전하고 있다.

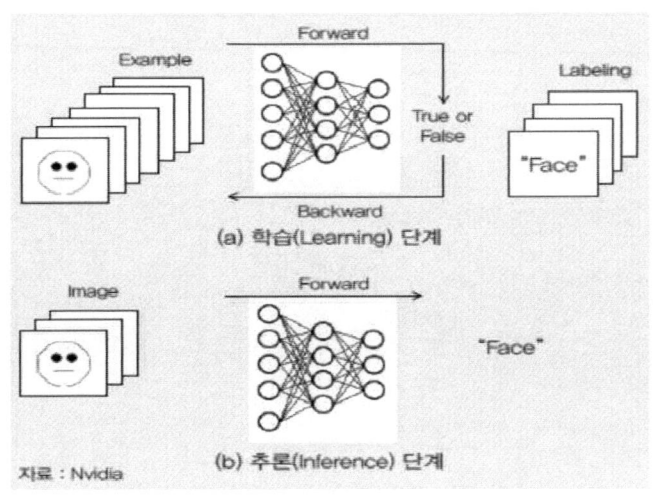

[그림 26] 인공지능 반도체의 주요 활용 목적

현재 인공지능 학습/추론은 대부분 데이터센터에서 실행되며 일반적인 하드웨어로는 CPU가 담당하고 있지만, 인공지능 서비스에 요구되는 대규모 연산 처리 성능을 위해 인공지능 반도체를 서버에 장착하여 활용할 필요가 있다. 데이터센터 전용 반도체는 방대한 데이터를 처리하기 때문에 발열과 전력소모로 인한 효율성 개선이 지속적으로 필요하다.

또한, 데이터센터 서버(클라우드)와 연결을 최소화하고 디바이스 자체에서 인공지능 연산이 수행되는 경우가 점차 확대되면서 소형화·저전력·고성능 중심의 인공지능 반도체 기술 개발이 가속화되고 있다.

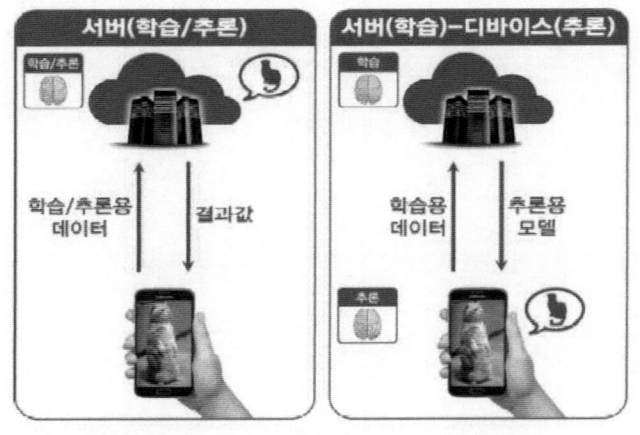

[그림 27] 인공지능 반도체의 사용 환경

가) AI 반도체의 기술 범위

인공지능 반도체는 인공지능의 연산 성능 고속화 및 소비전력 효율(Power Efficiency)을 위해 최적화시킨 반도체이며, 아키텍처 구조 및 활용 범위에 따라 크게 GPU, FPGA, ASIC, 뉴로모픽 반도체로 구분할 수 있다.

① GPU(Graphical Processing Unit)
GPU는 동시 계산 요구량이 많은 그래픽 영상 처리를 위해 고안된 병렬처리 기반 반도체로 수천 개의 코어를 탑재하여 대규모 데이터 연산 시 CPU 대비 성능이 우수하다.

② FPGA(Field-Programmable Gate Arrays)
FPGA는 회로 재 프로그래밍을 통해 용도에 맞게 최적화하여 변경이 가능한 반도체로 활용 목적에 따라 높은 유연성을 특징으로 한다.

③ ASIC(Application Specific Integrated Circuits)
ASIC은 특정 용도에 맞도록 제작된 주문형 반도체로 가장 빠른 속도와 높은 에너지 효율이 특징이다.

④ 뉴로모픽 반도체(Neuromorphic Chips)
뉴로모픽 반도체는 기존 반도체 구조가 아닌 인간의 뇌를 모방한 챠폰노이만 방식의 인공지능 전용 반도체로 연산처리, 저장, 통신 기능을 융합한 가장 진화한 반도체 기술이다.

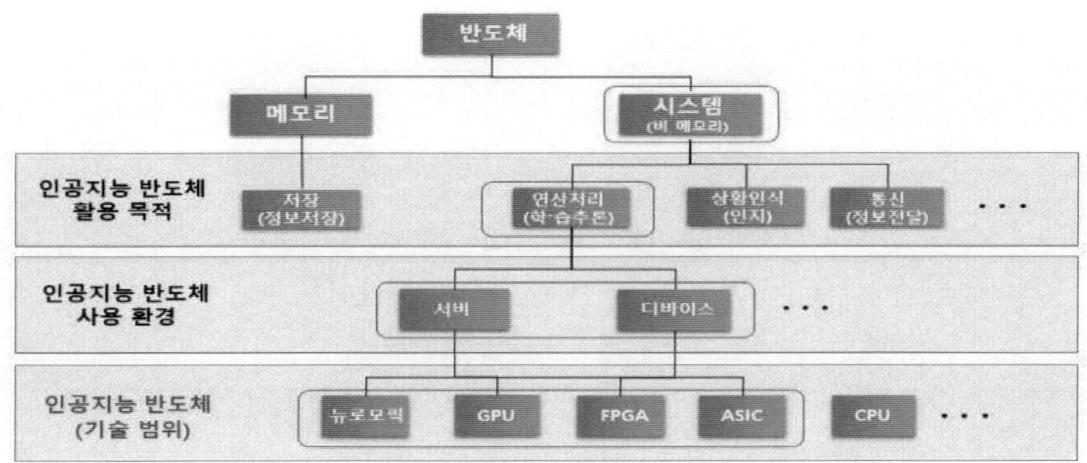

[그림 28] 인공지능 반도체의 기술 범위

2) 전력 반도체[17]

전력반도체(Power Semiconductor)는 전력을 제어하는 반도체라도 한다. 전기 에너지를 활용하기 위해 직류·교류 변환, 전압, 주파수 변화 등의 제어처리를 수행하는 반도체로, 전력을 생산하는 단계부터 사용하는 단계까지 다양한 기능을 수행한다. 특히 가전제품, 스마트폰, 자동차 등 전기로 작동하는 제품의 작동 여부 및 성능을 결정짓는 핵심부품으로도 작용한다.

최근 들어, 전력반도체는 전기자동차, 태양광발전 등 다양한 분야에 적용이 확대되고 있으며, 스마트폰과 태블릿PC 등 모바일 디바이스의 급성장으로 수요가 증가하고 있다. 특히, 4차 산업혁명 시대의 도래로 인해 스마트카, 자율주행차, 로봇, 태양전지, 사물인터넷(IoT), 스마트그리드, 항공우주, 5G 이동통신 등 관련 산업이 성장함에 따라 수요가 급격히 늘어날 것으로 예상된다.

전력반도체 소자는 1960년대부터 실리콘(Si)이 주로 사용되어 왔으며, 실리콘은 가격이 저렴하고, 동작온도 범위가 넓으며 산소와 반응하여 자연적으로 산화막(SiO_2)을 형성하는 장점이 있다.

최근 들어, 전기자동차와 모바일기기, 태양광발전 등 전력반도체 적용의 확대로 시장에서는 보다 운전 효율이 높으면서 소형화된 전력변환 장치를 요구하고 있으나, 실리콘은 스위칭 손실, 스위칭 속도, 내환경성 등의 문제로 인해 시장의 요구에 부응하지 못하고 있다. 따라서 기존 실리콘 반도체 소자의 한계를 뛰어넘는 새로운 반도체 소자의 필요성이 제기되고 있는 가운데, 탄화규소(Silicon Carbide: SiC)와 질화갈륨(Gallium Nitride: GaN) 등 화합물 반도체가 부상하고 있다.

현재 전력반도체 소재의 대세는 '실리콘'이라고 불리는 규소(Si)이다. 규소는 자원이 풍부해 가격이 저렴하고, 전기 전도와 형태 제어가 용이해서 사실상 반도체 소재의 표준으로 자리매김해 왔다. 업계에선 현재 전력반도체 시장의 약 95% 이상이 규소를 기반으로 한 시장인 것으로 보고 있습니다. 규소 기반 전력반도체는 현재 차량과 가전 제품 등에 두루 사용됩니다.

나머지 5%미만의 시장이 차세대 전력반도체 소재 관련 시장이다. SiC와 GaN이 바로 이 차세대 전력반도체의 소재로, SiC는 '탄화규소', GaN은 '질화갈륨'이라고 불린다. '실리콘 카바이드'라고도 불리는 SiC는 실리콘 (Si)과 탄소 (C)로 구성된 화합물 반도체 재료이다. '갈륨나이트라이드'라고도 불리는 GaN은 갈륨과 질소를 합친 화합물이다.

---

17) 차세대 전력반도체 기술개발 동향, 전황수, IITP

이 두 화합물이 왜 차세대 소재로 떠오른 이유는 모두 현재 대세인 규소보다 고온·고전압에 견디는 강점이 있기 때문이다. 기존 규소 기반 제품은 150도 이상이 되면 반도체 성질을 잃어버리는 단점이 있었는데, 이 전력반도체의 사용처가 늘어나면서 더욱 고온과 고전압 등 환경에 견뎌야 하는 상황이 됐고, 이에 맞춰 규소가 아닌 신소재가 부각되고 있는 것이다.[18]

---

18) 요즘 뜬다는 '전력반도체' 나만 몰랐어? 개념부터 관련주까지 다 알아봤습니다 [세모금]/헤럴드경제

3) 차량용 반도체[19]

과거 자동차 산업은 기계장치에 가까웠으나 경량화, 친환경, 편의성, 안전 4가지 키워드와 사용자의 요구에 따라 전장화되고 있다. 전장화의 궁극적인 목표는 자율주행이며, 자율주행의 가장 큰 주역은 차량용 반도체라고 할 수 이다.

차량용 반도체는 내외부의 온도, 압력, 속도 등의 각종 정보를 측정하는 센서와 ECU(Electronic Control Unit; 전자제어장치)로 통칭되는 엔진, 트랜스미션 및 전자장치 등을 조정하는 전자제어장치 그리고 각종 장치들을 구동시키는 모터의 구동장치(Actuator) 등에 사용되는 반도체이다.

자동차에는 메모리·비메모리 반도체, 마이크로컨트롤러(MCU), 센서 등 다양한 종류의 반도체가 사용되고 있으며, 하이브리드차는 일반 차량에 비해 10 배 많은 반도체 관련 부품이 필요하다.

차량용 반도체는 자동차 제조때부터 탑재되는 빌트인 형태의 경우, 영하 40°에서 영상 70°의 온도에 견뎌야 하는 까다로운 온도조건과 7~8 년간 제품을 그대로 유지하는 내구성을 갖춰야 하는 등 진입 장벽이 높은 고부가시장이다.

전기차와 자율주행차는 일반 내연기관차에 비해 차량에 탑재되는 전기장치가 많아 필요해 반도체 수도 늘어난다. 일반적으로 내연기관차 한 대에 200개 정도의 반도체가 필요하지만, 전기차에는 1000개 정도가 사용된다. 자율주행차는 더 많은 센서가 필요해 약 2000개의 반도체가 들어간다.

차량용 반도체 시장이 반도체 업계 미래 성장동력으로 꼽히는 것도 이 때문이다. 차량용 반도체 수요는 폭발적으로 늘어나는데, 공급량은 이를 따라가지 못하는 상황이 계속되고 있다.

차량용 반도체는 신규 시장 진입이 어려워 쉽게 공급량을 늘릴 수 없다. 차량용 반도체 오류는 교통사고로 이어질 수도 있는 탓에 높은 수준의 안정성이 요구된다. 때문에 투자 비용이 많이 든다. 또 차량용 반도체는 다품종 소량생산 업종으로 수익성이 낮은 편이다. 업체별, 차량별로 각기 다른 반도체를 공급해야 하기 때문에 규모의 경제를 실현하기 어렵다. 이러한 이유로 전 세계 메모리 반도체 시장에서 1,2위 자리를 차지하고 있는 삼성전자와 SK하이닉스가 차량용 반도체 시장에서 두각을 나타내지 못하도 있었던 것이다.

---

19) 차량용 반도체 기술 및 국내 발전 전략, KEIT PD Issue Report

자율주행차에 활용되는 반도체

전면/측면/후면 뷰 카메라
이미지 센서
다이내믹 비전 센서

전면부 감지 운전자 모니터링
신경망 프로세싱 유닛(NPU)
이미지 센서
다이내믹 비전 센서

인포테인먼트
프로세서 / 디스플레이 구동칩(DDI)
터치 집적회로 /
보안 집적회로 메모리

eMirror
이미지 센서
디스플레이 구동칩(DDI)
전력관리 집적회로(PMIC)

첨단 운전자 보조시스템 (ADAS)
프로세서
신경망 프로세싱 유닛(NPU)
보안 집적회로 메모리

출처:삼성전자

[그림 29] 자율주행차에 활용되는 반도체

독일 인피니온, 네덜란드 NXP, 일본 르네사스 등 업체가 차량용 반도체 시장 점유율을 차지해왔다. 산업통상자원부에 따르면 전 세계 차량용 반도체 시장에서 국내 업체들의 점유율은 3.3%에 불과했다. 하지만 최근 삼성전자와 SK하이닉스도 미래 먹거리로 차량용 반도체에 주목하고 있다. 주력인 D램과 낸드플래시의 가격이 하락세를 이어가고 있는 상황에서 신사업을 찾아 미래 수익성을 높이겠다는 것이다.

삼성전자 메모리(DS)사업부 부사장은 최근 전장 시스템 수준이 올라가면서 차량 1대에 필요한 메모리가 늘었고 사양도 높아지고 있다면서 2030년 이후 차량용 메모리가 서버·모바일과 함께 3대 응용처로 확대될 것이라고 말했다.

SK하이닉스 D램 마케팅 담당 부사장도 차량용이 컴퓨터와 스마트폰을 잇는 미래 성장 동력이 될 것이다라며 향후 10년 뒤엔 자동차용 메모리 수요량이 현시점 대비 5배 이상 성장할 전망이라고 말했다.[20]

20) 삼성전자·SK하이닉스, 차량용 반도체 주목하는 이유/비즈워치

4. 반도체 산업 동향

4. 반도체 산업 동향
가. 반도체 산업 현황

코로나19로 인한 '비대면 경제'가 한 문화로 자리잡으면서 데이터 수요가 폭증하고 있으며 2021년 이후에도 화상회의, 동영상 스트리밍 등 대용량 데이터를 소모하는 서비스가 확대됨에 따라 구글, MS, 아마존 등 거대 IT 기업들의 데이터센터 투자가 기대됩니다. 그렇기에 반도체 산업의 가격 상승세는 장기화될 것으로 예상된다.

이는 반도체 슈퍼사이클이 기대된다는 전망이 잇따라 나오는 이유이며 세계반도체무역통계기구(WSTS)는 올해 글로벌 반도체 매출이 올해보다 8.4% 증가할 것으로 전망했고 특히 메모리 반도체 산업의 매출은 지난해보다 13.3% 증가할 것으로 예상했다.

비메모리 반도체는 메모리 반도체보다 단가가 높고 시장규모가 크며 서버, 모바일, PC 뿐만 아니라 자동차, 가전 등으로 수요처가 다변화되어 있다. 특히 올해는 고해상도 이미지센서·5세대 이동통신(5G) 칩·디스플레이 구동칩(DDI) 등이 성장을 이끌 것으로 전망된다. 한국수출입은행 해외경제연구소의 '시스템반도체산업 현황 및 전망' 보고서에 따르면 시스템반도체 시장은 연평균 7.6% 성장해 2025년엔 3389억달러(약 374조 원)에 달할 것으로 예상됩니다.

메모리 반도체에 강점을 가지고 있는 우리나라도 비메모리 반도체 시장을 선점하기 위해 노력하고 있다. 이 삼성전자 부회장은 오는 2030년까지 133조 원을 투자해 시스템반도체 1위에 오르겠다는 '반도체 비전 2030'을 발표했으며 최근에는 모바일 AP 신제품인 '엑시노스 2100'과 최첨단 고감도 촬영 기술이 탑재된 이미지센서 '아이소셀 HM3'을 잇따라 발표하며 시장 점유율 확대에 박차를 가하고 있다.

한편 반도체 최대 수요처는 통신기기와 컴퓨터(PC·서버)로서, 스마트폰 출하량은 2020~2025년에 연평균 3.6%, 클라우드의 데이터센터 투자는 2020~2024년에 연평균 15.7% 증가할 전망이다.

스마트폰 출하량은 2020년에 코로나19 확산 등으로 전년 동기 대비 약 6% 감소했으나 2021년부터 경제회복, 5G폰으로 교체수요 등으로 인해 성장세로의 전화이 예상된다.[21]

---

21) 210420_연구소_반도체산업_중장기_전망

나. 반도체 장비 산업[22)

반도체 장비는 반도체 회로설계, 웨이퍼 제조 등 반도체 제조를 위한 준비 단계부터 웨이퍼를 가공하고 칩을 제조하며, 조립 및 검사하는 단계까지의 모든 장비를 지칭한다.

반도체 공정은 원재료인 웨이퍼를 개별칩으로 분리하는 시점을 기준으로 전·후 공정, 검사로 구분되며 각 공정별로 전문화된 장비를 활용하고 있다. 특히 전공정은 미세화 기술 등 반도체 칩의 품질을 좌우하는 단계로서 노광기, 증착기, 식각기 등 높은 기술 수준이 요구된다.

후공정은 최종적인 칩모습을 형성하는 조립단계로 웨이퍼 절단단계, 금속연결 단계로 구성되며 반도체 소자업체의 수요에 각각 대응하는 기술이 요구된다. 검사는 불량을 검출·보완하는 단계로 고속처리 기술이 관건이다.

구분	공정	주요 장비	기능
전공정	노광	· Stepper/Scanner · Track	빛을 사용하여 웨이퍼 위에 회로모양을 그리는 장비
	식각	· Etcher · Asher	노광에서 그려진 대로 식각을 통해 모양을 만드는 장비
	증착	· CVD	웨이퍼 위에 특정 용도막(산화막 등)을 증착
	열처리	· Furnace	열을 이용하여 웨이퍼내 물질을 균질하게 하거나, 증착
	측정·분석	· Wafer Inspection · Metrology	웨이퍼내의 물질특성(두께, 성분 등)을 분석
후공정	조립	· Die Attacher · Wire Bonder	패턴이 그려진 웨이퍼를 절단하여 패키징하기 전까지의 장비
	패키징	· Molding · Marking	웨이퍼에 금속선을 접속시키는 매개체를 형성하여 배선을 연결, 밀봉하는 장비
	검사	· Tester, Handler · Burn-in 시스템	칩의 불량여부를 판정하는 장비

[표 20] 반도체 주요 장비 및 기능

---

22) 반도체 장비·소재산업 동향 , 이슈보고서, 한국수출입은행

반도체 장비는 전자, 전기, 화학, 광학 등의 기술집약형 산업이며 반도체 기술 발전으로 반도체 장비의 기술수명이 짧아 지속적인 R&D 투자가 중요하다. 반도체 장비의 기술수명은 3~5년으로 짧아 반도체 장비 기업의 매출액 대비 R&D 비중은 타 산업 대비 높은 편이다. 2018년 글로벌 Top 5 장비기업의 매출액 대비 R&D 비중은 12% 였으며, 한국 주요 장비기업의 매출액 대비 R&D 비중은 : 8%에 그쳤다.

장비는 주문자 생산방식이며 반도체 회사는 신뢰성, 생산성, 보안 등으로 인해 기존 공급사로부터 장비를 구매할 가능성이 높다. 반도체 장비기업은 반도체 기업과 공동 기술개발 등을 통해 장비 적기 개발을 추진하며 신규 기업은 신뢰성 문제 등으로 인해 진입장벽이 높은 것이 사실이다.

하지만, 반도체 장비발주가 반도체 호황기에 집중되고 Downcycle에는 급감하여 장비산업 변동폭이 반도체 및 타 산업대비 크기 때문에 기업들은 변동성 완화를 위해 디스플레이, LED, 태양광 장비 사업 등을 병행하고 있다.

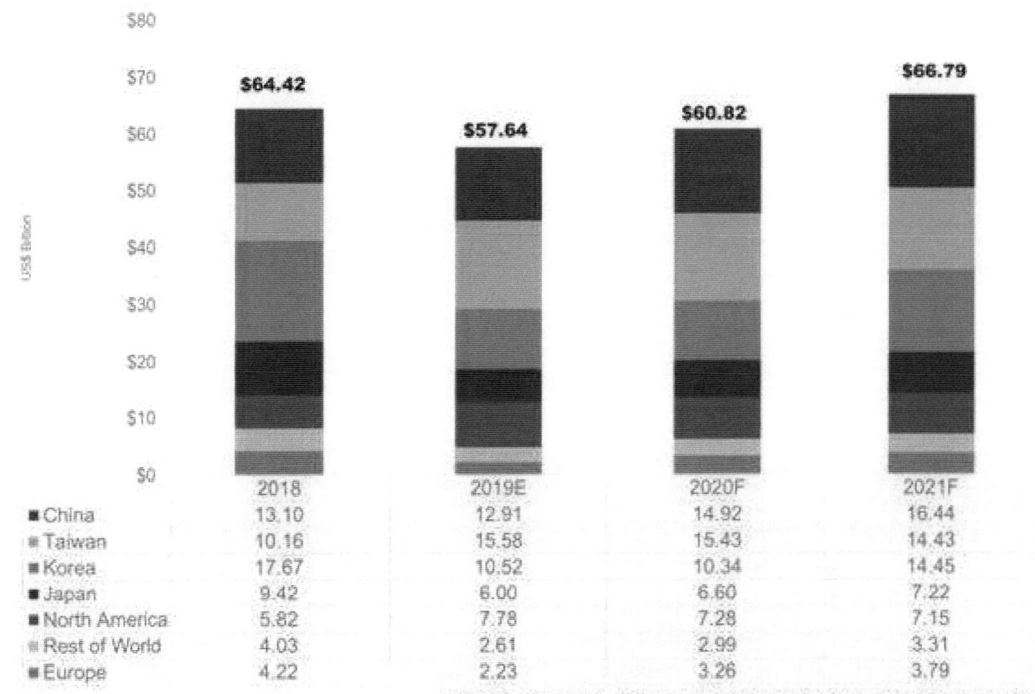

[그림 31] 반도체 장비 매출 성장 전망치 (단위: 10억달러)

세계 반도체 장비 매출이 내년 반등하고 2021년에는 반도체 초 호황기를 누린 2018년을 넘어선 최고치를 기록할 것이라는 전망이 나왔다. 국제반도체장비재료협회(SEMI)는 내년 반도체 장비 매출이 올해보다 5.5% 증가한 608억 달러로 성장하고 2021년에는 668억 달러로 최고치를 기록할 것이라고 전망했다.

2020년 세계 반도체 장비 매출은 역대 최고치를 기록한 2018년(664억 달러)보다 10.5% 하락한 576억 달러로 집계했다. SEMI에 따르면 각 반도체 장비 분야별 매출이 모두 하락했는데 웨이퍼 가공, 팹 설비, 마스크 장비 등을 포함한 웨이퍼 팹 장비는 작년보다 9% 하락한 488억 달러를 형성했다. 조립 및 패키징 장비는 29억 달러, 반도체 테스트 장비는 48억 달러로 각각 집계했다.

국가별로 살펴보면 대만이 올해 55.3% 성장해 한국을 제치고 세계에서 가장 큰 장비 시장으로 도약한다고 보며 북미가 33.6% 성장해 뒤를 잇는다고 예상했다. 또한 2021년에 한국은 103억 달러 매출액을 달성한다고 전망하기도 했다. 올해는 모든 반도체 장비 판매 분야가 성장하고 메모리 소비도 회복할 것이라는 전망이다.[23]

※ 단위: 억 달러	2020	2019	성장률
중국	187.2	134.5	39%
대만	171.5	171.2	0.2%
한국	160.8	99.7	61%
일본	75.8	62.7	21%
북미	65.3	81.5	-20%
유럽	26.4	22.8	16%
기타 지역	24.8	25.2	-1%
Total	711.9	597.5	19%

[그림 32] 2019년 대비 2020년 반도체 장비 매출 성장률

23) 2021년, 세계 반도체 장비 초호황 다시온다/ 전자신문

다. 반도체 소재 산업[24]

반도체 소재는 반도체 소자를 구성하는 재료, 소자를 생산하는데 사용되는 가스와 화학약품, 소자를 조립하여 완성품을 만드는데 사용되는 재료 등을 포함한다.

소재는 크게 공정소재(Process Materials)와 부품(Parts)으로 분류할 수 있다. 공정소재는 반도체 제조공정에 직접적으로 사용되는 소재로 웨이퍼, 식각액, 가스 등을 포함한다. 부품은 반도체 제조시 간접적으로 소모되는 소재로 주로 반도체 장비의 소모품인 튜브, 링 등을 포함한다.

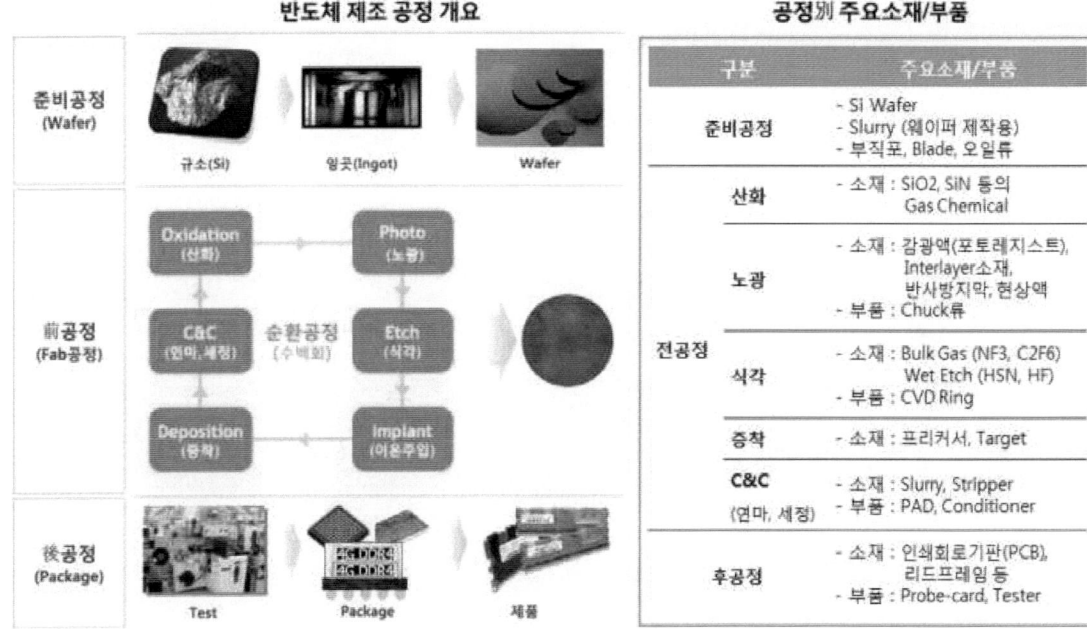

[그림 33] 반도체 공정별 주요 소재 및 부품

소재산업은 반도체 기술발전으로 인해 지속적 R&D 투자가 요구되며 반도체 장비산업 대비 변동성이 낮고 반도체산업 대비 성장률이 낮다. 반도체 기술의 발전으로 3~5년마다 신규 소재 개발을 위한 R&D 투자가 필요하고, 반도체 장비는 반도체산업 업황에 따라 발주량이 급변하나 소재산업은 반도체 생산량에 영향을 받아 상대적으로 산업 변동성이 낮다.

소재 수요는 반도체 생산능력에 연동하나 미세공정 등으로 공정수가 증가하면서 소재수요는 증가추세를 보이고 있다. 반도체 기업의 효율적 소재 사용, 협상력 등으로인해 소재산업의 성장률은 반도체 산업 성장률보다 낮다. 반도체기업은 소수 대기업으로 다수의 소규모 소재기업 대비 가격 협상력이 크다.

---

24) 반도체 장비·소재산업 동향 , 이슈보고서, 한국수출입은행

라. 차세대 반도체 산업 동향
1) AI 반도체[25]

연산을 주목적으로 하는 가속기(AI Acceleration)를 탑재하여 CPU와의 분담을 통해 데이터 처리를 가속화하는 이기종 시스템 구조(HSA, Heterogeneous System Architecture) 기술이 등장하면서 인공지능 구현에 최적화된 반도체 개발의 움직임이 가속화되고 있다. 또한, 병목 현상 및 무어의 법칙[26] 등 기존 반도체 구조의 한계를 돌파하고자 인간의 두뇌(뉴런-시냅스 구조)를 모방하여 구현하는 뉴로모픽 반도체 기술이 등장하면서 인공지능 반도체 기술의 새로운 변화 시기 도래했다.

인공지능 반도체는 기술 성숙도, 사용 환경 및 기능에 따라 기술간 서로 대체되어 사용되기도 하나 공통적으로는 초고성능·초저전력 중심으로 진화할 전망이다. 2018년 Gartner의 'Technology Hype Cycle'에 따르면 현재 인공지능 반도체 기술은 성숙도가 높은 순으로 'GPU' > 'FPGA' > 'ASIC' > '뉴로모픽 반도체'로 나타났다.

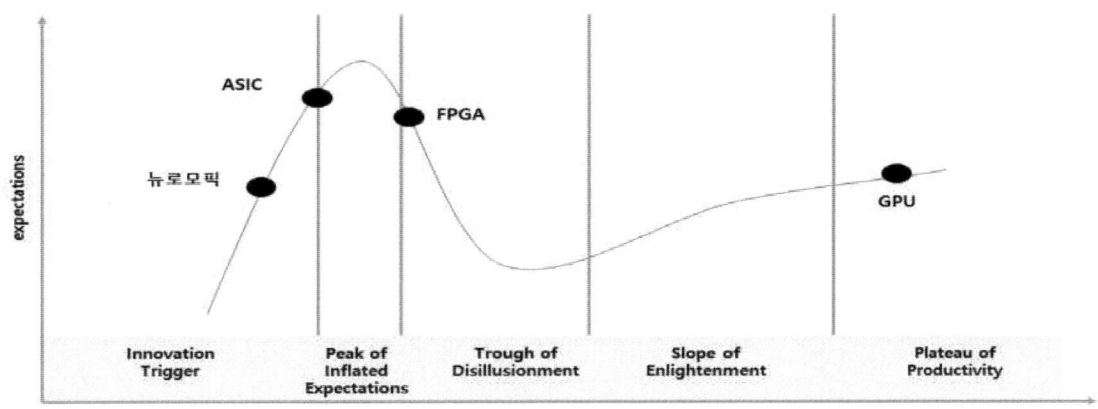

[그림 34] 인공지능 반도체 Technology Hype Cycle

인공지능 반도체는 활용 목적에 따라 용도가 다양하며 사용 환경 및 기술 발전에 따라 기술간 서로 대체 될 가능성이 높은 특성을 가진다.

---

25) 인공지능(반도체), 나영식, 조재혁, KISTEP 기술동향브리프
26) 트랜지스터의 집적도가 18개월 내지 24개월마다 2배씩 늘어나는 것을 의미하며, 미세공정 고도화의 물리적 한계 및 집적도 향상에 따른 발열 등이 한계가 발생함

유형	장점	단점
GPU	- 병렬처리에 최적화된 프로세서로, CPU에 비해 빠른 가속 성능 - NVIDIA의 CUDA 등 개발자 환경이 잘 갖춰져 있으며, 적용 사례가 많아 지원받기 용이	- FPGA, ASIC 대비 낮은 전력 효율 - 기존 x86 시스템(CPU)에 추가 구축 시, 확장성과 호환성에 한계 * (예) 데이터 전송 병목문제, 시스템 호환문제 등
FPGA	- ASIC보다 초기 개발 비용이 저렴 - CPU와 병렬 작동이 용이하여 전체 시스템 병목현상 발생 없음 - 회로 재구성이 가능, 개발 중인 AI 알고리즘을 유연하게 적용 가능 * (예) A라는 업무에 최적화하여 사용하다 반도체 회로 구성을 다시 설정(재프로그래밍)하여 B라는 업무에 맞춰 사용 가능	- ASIC보다 연산속도가 느리고 CPU나 GPU 같은 범용 프로세서 대비 프로그래밍 전문성을 요함
ASIC	- GPU, FPGA 대비 매우 빠른 속도와 우수한 전력효율	- 매우 비싼 초기 제작비용, 장시간의 개발소요 시간 - 특정 연산에 최적화되었기 때문에 응용분야가 한정

[표 21] 인공지능 반도체 유형별 특징

일부 시장조사기관에서는 인공지능 반도체가 병렬연산처리에 최적화된 GPU 중심에서 초고성능·초저전력 중심의 뉴로모픽 반도체로 기술이 진화할 것이라고 전망했다.

현재의 인공지능 반도체는 GPU 중심으로 데이터 센터 및 엣지 디바이스에 탑재되어 주로 활용되고 있으나 인공지능을 지원하는 저전력·고성능의 특화된 반도체인 ASIC 방식으로 변화될 전망이다. 또한 최종적으로는 추론·학습, 데이터 센터·디바이스 등 인공지능 시스템의 다기능을 지원하는 초저전력·초고성능의 뉴로모픽 반도체 중심으로 진화할 전망이다.

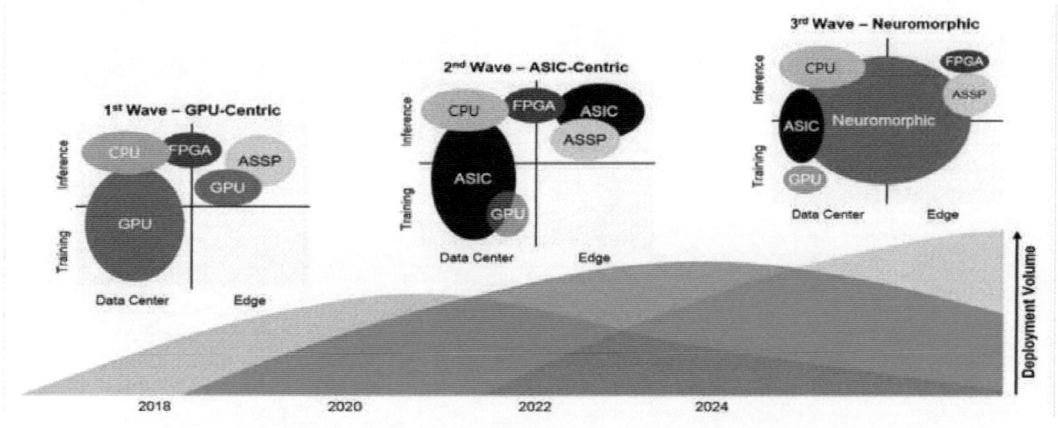

[그림 35] 인공지능 반도체의 기술 진화 방향

가) GPU

GPU는 게임 산업의 3D 그래픽 등을 처리하기 위해 개발되었으나 대규모 데이터의 연산을 효율적으로 처리하는 병렬처리 기반 반도체로 각광을 받으면서 인공지능 구현을 위한 핵심 반도체로 부상했다.

직렬(순차) 처리 방식인 CPU는 한 개의 명령어에 의해 입력된 순서대로 데이터를 처리하는 반면, GPU는 여러 명령어를 동시에 처리할 수 있는 병렬 처리(Parallel Processing) 구조로 방대한 데이터의 연산을 지원하기 위한 반도체로 각광 받고 있다. CPU는 연산을 담당하는 ALU의 개수가 최적화된 소규모 코어로 구성되어있으며, GPU는 수천 개 코어로 구성된다.

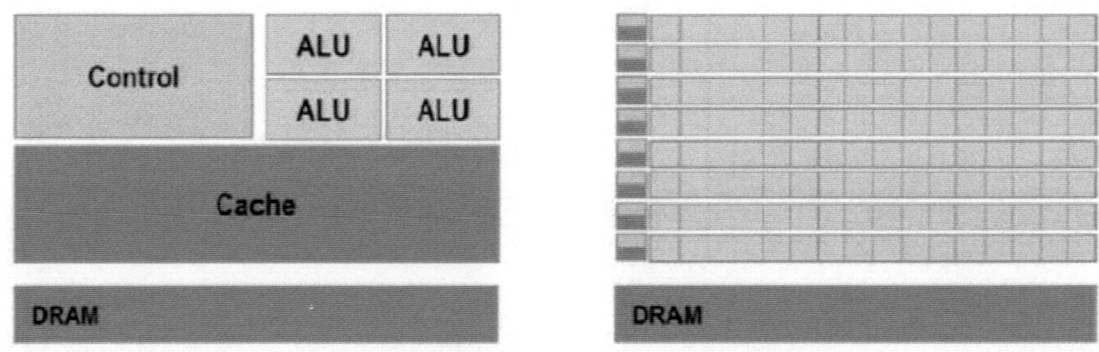

[그림 36] CPU(좌)와 GPU(우) 회로도 비교

특히 2010년 인공지능 분야 전문가인 스탠퍼드 대학의 앤드루 응 교수는 12개의 GPU가 무려 2,000개의 CPU에 맞먹는 딥러닝 성능을 발휘한다는 사실을 발견했으며, 2012년 이미지넷 대회에서 GPU 기반 딥러닝 기술을 활용해 우승을 차지하면서 인공지능 분야에서 GPU의 비약적인 발전 가능성을 보였다.

GPU 기술은 NVIDIA가 시장 선두 기업으로 데이터센터, 자율주행차 등 적용분야에서 인공지능 반도체로 활용하고 있다.

① 데이터 센터용
NVIDIA는 2016년 GTC(GPU Technology Conference)에서 데이터센터에 최적화된 '테슬라(Tesla) P100' GPU를 발표하였으며, 2017년에는 GPU 컴퓨팅 아키텍처인 '볼타(Volta)'에 기반한 최초의 프로세서인 '테슬라(Tesla) V100' GPU를 공개했다.

볼타의 성능은 120 TFLOPS[27]로 기존 버전인 파스칼 대비 5배, 2년 전 출시된 맥스웰 대비 15배 향상됐으며, CPU 100대와 같은 수준의 성능으로 딥러닝을 구현했다. 테슬라 V100은 Microsoft, 바이두, IBM 등의 클라우드 서버(데이터센터)에 적용되어 있다.

② 자율주행차용

NVIDIA는 2017년 GTC에서 자율 주행차를 위한 AI Supercomputer chip, Xavier를 발표하면서 엣지 디바이스에 최적화된 반도체 기술을 선보였다. Xavier의 구성을 보면, 512개의 GPU, 8개의 Core로 구성된 ARM64 CPU, CVA(computer vision accelerator), Video Processor로 구성되어, 30W의 전력으로 30 TFLOPS 연산을 구현했다.

Xavier는 자율주행 차량에서 수행해야 하는 주변 환경 감지, 차량 스스로의 위치 파악, 주변 사물의 행동과 위치 예측 등의 연산 등을 구현하는데 사용된다.

[그림 37] Xavier Chip 구조 및 개발 보드

나) FPGA

FPGA는 활용 목적에 따라 재 프로그래밍이 가능한 반도체로서 개발에 투입되는 시간이 짧고 원하는 작업에 맞춰 연산 처리가 가능해 유연성이 높은 반도체로 각광받고 있다.

기존 반도체들은 한번 생산되면 수정할 수 없지만 FPGA는 하드웨어를 재설계하지 않고 프로그래밍을 통해 사용 목적에 맞게 변경이 가능하다. 예를 들어 FPGA는 번역 작업에 최적화해 사용하다가 반도체 회로 구성을 다시 설정해 가상비서 서비스에 맞춰 쓸 수 있다.

---

27) FLOPS(FLoating point OPerations per Second) 컴퓨터의 성능을 수치로 나타낼 때 주로 사용되는 단위이며, 1초 동안 수행할 수 있는 부동소수점 연산의 횟수 (1 TFLOPS: 1×1012)

또한, FPGA는 특정 목적에 맞춘 하드웨어 프로그래밍이 가능해 기계 학습을 통해 최적화된 학습모델의 출력 값을 빠르게 계산하는 인공지능 추론 서비스 구현에 적합하다는 평가를 받고 있으며 알고리즘을 수정하거나 연구개발 중일 때는 다른 인공지능 반도체에 비해 FPGA가 효율적이다. 그리고 CPU와 병렬로 작동하므로 시스템 혼란이나 병목현상 없이 사용 가능하여 최근 인공지능 구현을 위한 기술로 주목 받고 있다.

FPGA 기술은 데이터센터 및 엣지 디바이스 등의 저전력화·고성능화를 위해 활용되고 있으며 글로벌 기업들의 기술 개발이 활발히 진행 중이다. 자일링스는 FPGA 시장에서 약 56% 점유율을 보유한 선두 기업으로 데이터센터 전용 반도체인 'reVISION'을 통해 머신 러닝, 데이터 분석 등과 같이 고성능 작업에 최적화된 제품으로 경쟁사 대비 2~6배의 컴퓨팅 성능을 발휘한다고 발표했다.

Microsoft는 2015년 FPGA를 탑재한 '캐터펄트(Catapult)' 서버메인보드를 통해 자사의 검색엔진 '빙(Bing)'의 성능을 일반 CPU를 이용한 것보다 30% 비용 절감과 10% 전력 감소에 성공했다. 또한, 데이터 센터에 있는 반도체를 FPGA로 통합하면 용도 재구성이 가능한 구조인 만큼 단일 서비스에 수천 개에 이르는 FPGA를 이용할 수도 있어 유연성이 뛰어나다.

Intel은 인공지능 특화 기술을 확보하기 위해 독립형 FPGA와 통합형 FPGA(FPGA-CPU)을 제공하고 있으며, 추론용 가속기인 'intel FPGA'와 엣지 디바이스에서 머신 러닝을 구현하기 위한 저전력 비전 기술 '모비디우스' 등을 발표했다.

한편 올해 국내 SK텔레콤은 FPGA를 이용해 AI용 가속기를 개발한 뒤, ASIC으로 대량 생산한 대표적인 사례 중 하나다.

SKT는 2018년 자일링스 알베오(Alveo) 데이터센터 가속 카드 기반 추론용 가속기 AIX(AI Inference Accelerator)를 개발했으며 이를 통해 SKT는 자사 AI 스피커 누구(NUGU)와 AI 기반 물리적 무단침입 감지 서비스 '티뷰'에 적용해 높은 성과를 냈다.

다) ASIC

최근 어플리케이션의 특성에 적합한 인공지능 시스템을 구현하기 위해 범용 프로세서를 사용하는 대신 특정 목적으로 제작되는 주문형 반도체 기술이 부상하고 있다.

ASIC은 특정한 용도에 맞도록 제작된 주문형 반도체인 ASIC는 빠른 속도와 높은 에너지 효율의 특성을 지니고 있어 인공지능 전용 반도체로 각광받고 있다. ASIC은 다른 인공지능 전용 반도체에 비해 비용이 높고 개발 기간이 길며, 한번 제품을 만들고 나면 기능을 바꿀 수 없지만 범용 프로세서(CPU, GPU)나 FPGA보다 성능 개선에 유리하기 때문에 개발이 끝난 알고리즘의 전력 소모량을 줄여야하는 기기에 도입할 때 효율적이다.

전통적인 반도체 업체 외에도 다양한 산업체들은 인공지능 알고리즘이 내장된 ASIC 반도체를 자체 개발하는 추세다. Google은 SW 및 빅데이터 센터 기반 인터넷 전문 기업으로, 인공지능 기술을 활용한 새로운 서비스의 수요가 증대되면서 자사의 데이터 센터에 사용하기 위한 병렬 프로세서 반도체를 직접 개발하기 시작했다. 그 결과 인공지능 딥러닝을 구현하기 위해 가장 널리 이용되는 SW 플랫폼인 오픈소스기반 '텐서플로'를 구현하는데 최적화된 하드웨어를 자체 개발하는데 성공했다.

2016년 5월, 구글은 데이터 분석과 딥러닝을 위해 개발한 TPU(Tensor Processing Unit) 1세대를 공개하였으며, GPU에 비해 병렬처리에 특화되어 있으며 추론 등의 연산을 수행하는데 92 TLOPS의 성능을 보였다.

이후, 2017년에는 TPU 1세대를 개선하여 기계 학습에도 사용할 수 있는 TPU 2세대를 개발했다. TPU1 세대는 학습된 모델을 사용한 추론, 이미지나 언어 등의 인식에 특화됐다면, 2세대 TPU는 머신러닝 연산 과정에서 추론뿐 아니라 학습 연산에서 성능 향상에 특화되었다.

데이터 센터용으로는 TPU 2세대 4개를 탑재한 Cloud TPU와 64개를 연결한 TPU Pod을 발표했는데, Cloud TPU(TPU2세대 4개)는 90TFLOPS의 성능을 가지고 있으며 TPU Pod는 11.5 PFLOPS 성능을 보유하고 있다.

바이두는 AI 개발자 컨퍼런스 행사에서 AI 연산용 ASIC '쿤룬(Kunlun)'을 공개하였으며, 260 TFLOPS수준으로 초당 512GB 데이터를 주고받으며 무인자동차부터 데이터센터까지 모든 곳에 사용이 가능하다. 삼성전자는 초고속 모뎀을 탑재하고 인공지능(AI) 연산 기능을 강화한 고성능 모바일 애플리케이션 프로세서(AP)인 '엑시노스 9(9810)'를 개발했다.

최근 세계 최대 자동차 부품업체인 독일 보쉬는 AI와 사물인터넷(AIoT) 생산공정 설비를 갖춘 해당 공장에 총 10억유로(약 1조3600억원)를 투자한 것으로 알려졌다. 단일 투자 프로젝트로는 130여년 보쉬 역사상 최대 규모다.

보쉬는 이곳에서 당초 예정보다 6개월 앞선 다음달부터 자사 전동공구용으로 전력 제어에 사용하는 파워 반도체를 생산하며, 이후 9월부터는 차량용 ASIC(특정 용도용 반도체)도 생산할 계획이다. 에어백이나 미끄럼 방지장치 등에 들어가는 반도체가 주로 생산될 것으로 보인다.[28]

라) 뉴로모픽 반도체

'폰 노이만(Von Neumann)' 구조의 기존 반도체 한계를 극복하기 위해 인간처럼 저전력으로도 고성능의 인공지능을 수행하는 반도체 기술이 각광을 받기 시작했다.

기억장치(메모리)·중앙처리장치(CPU)·입출력장치(IO) 등 3단계 구조로 명령을 순차적으로 수행하는 방식의 폰 노이만 구조는 복잡한 작업일수록 시간이 오래 걸리고 에너지 소모가 크게 증가하는 구조로, 산업연구원에 따르면 폰 노이만 구조를 활용해 인간의 뇌와 같은 정보처리를 수행하는 과정에 필요한 소비 전력을 감당하려면 원자력 발전소 1기가 필요하다고 언급하기도 했다.

뉴로모픽 반도체 안에는 여러 개의 '코어(Core)'들이 존재하며, 코어에는 트랜지스터를 포함한 몇 가지 전자 소자들과 메모리 등이 탑재되어 있다. 코어의 일부 소자는 뇌의 신경세포인 뉴런의 역할을 담당하며, 메모리 반도체는 뉴런과 뉴런 사이를 이어주는 시냅스 기능을 담당한다.

뉴로모픽 반도체는 인공 뉴런 역할을 하는 코어를 사람의 뇌처럼 병렬로 구성하였기 때문에 적은 전력만으로 많은 양의 데이터 처리가 가능하며, 인간의 뇌처럼 학습하기 때문에 연산 성능이 대폭 향상되었다.

---

28) 보쉬, 獨 반도체 신공장 가동…"車반도체 공급난 해소"/조선비즈

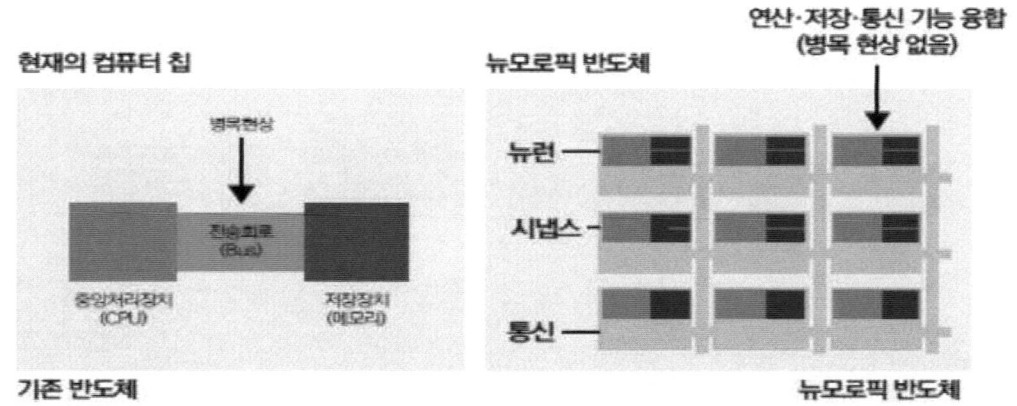

[그림 38] 기존 반도체와 뉴로모픽 반도체의 구조도 비교

	기존 반도체	뉴로모픽 반도체
구조	셀(저장·연산), 밴드위스(연결)	뉴런(신경기능), 시냅스(신호 전달)
강점	저장과 연산	이미지와 소리 느끼로 패턴 인식
기능	각각의 반도체가 정재진 기능만 수행	저장과 연산 등을 함께 처리
데이터 처리방식	직렬(입출력을 한번에 하나씩)	병렬(다양한 데이터 입출력을 동시에)

[표 22] 기존 반도체와 뉴로모픽 반도체의 비교

전 세계적으로 뉴로모픽 반도체 기술에 대한 연구가 활발히 진행되는 가운데 산·학·연 협력 중심으로 추진되는 것을 특징으로 한다.

IBM은 2008년 미국 국방부 산하 방위고등연구계획국(DARPA)이 주도하는 '인공두뇌 만들기 프로젝트'에 참여하여 2014년 8월 '트루노스'(TrueNorth)라는 뉴로모픽 반도체를 만드는 데 성공했다. 트루노스 반도체는 무려 54억 개 트랜지스터를 내장한 4,096개의 프로세서로 이루어져 전자회로 소자들을 인간의 신경망처럼 연결해 인간 두뇌 활동을 모방했다.

트루노스는 100만 개의 뉴런과 2억5000만 개의 시냅스로 얽혀 초당 1,200프레임에서 2,600프레임으로 이미지를 분류하는데, 이 때 25mW에서 275mW 수준의 적은 전력을 소비하며 이는 기존 마이크로프로세서의 1만분의 1에 달한다.

퀄컴은 2013년 세계 최초로 뇌에서 영감을 얻어 신경세포처럼 스파이크 형태의 신호를 주고받고 시냅스 연결 강도를 조절해 정보를 처리하는 프로세서인 '제로스'(Zeroth) 개발했다. 제로스는 회로 구조뿐만 아니라 기능도 인간의 학습 방법을 모

방하여 강화학습(reinforcement learning)²⁹⁾을 활용해 로봇을 제어하는 데모 영상을 시연했다.

 Intel은 2017년 사람이 입력 데이터와 함께 정답을 알려 주는 지도학습 대신 실시간으로 유입되는 정보를 받아들여 스스로 학습하는 뉴로모픽 반도체 '로이히(Loihi)'를 개발했다. 0.47㎟ 크기의 코어 128개로 이뤄진 로이히는 총 13만 개의 뉴런과 1억 3000만개 시냅스로 구성되어 있으며, 반도체 집적도는 14㎚(나노미터·1㎚는 10억분의 1m) 수준으로 현재까지 개발된 뉴로모픽 반도체 중 최고 수준이다.

[그림 39] 뉴로모픽 반도체 (좌) IBM의 트루노스 (우) Intel의 로이히

 SK 하이닉스는 2016년 10월 미국 스탠퍼드대학과 강유전체(Ferroelectrics) 물질을 활용한 '인공신경망 반도체 소자 공동 연구개발' 협약을 체결했다. SK하이닉스는 전하 유입 여부를 통해 0과 1을 구분하는 기존의 반도체 입력 방법 대신 전압 크기에 따라 다양한 신호를 저장할 수 있는 유기물질 강유전체를 사용해 뉴로모픽 반도체 개발을 추진하고 있다.

 KIST, KAIST, 서울대, 포스텍, 울산과학기술원(UNIST), 국민대, 어바인 캘리포니아대 등 7개 기관은 연구단을 구성하여 2021년까지 자가 학습이 가능한 뉴로모픽 반도체 '네오(NeO)2C' 개발을 목표로 연구를 추진하고 있다.

 '네오(NeO)2C'의 반도체 집적도는 55㎚, 소모전력은 56㎽ 수준이며 코어당 뉴런 수는 1,024개로 '로이히'와 유사하나, '로이히'는 128개 코어이며 '네오(NeO)2C'는 단일 코어이다.

---

29) 학습수행 결과에 대해 적절한 보상을 주면서 피드백을 통해 학습하는 방식

반도체 패키징·테스팅(후공정) 기업인 네패스는 2017년 6월 미국의 반도체 설계업체인 제너럴 비전과의 협업을 통해 엣지 디바이스용 인공지능 반도체인 NM500을 상용화를 추진했다. NM500은 0.4mm 반도체에 576개의 인공뉴런을 집적하여 고속·병렬연산 처리를 수행할 수 있다.

최근 삼성전자가 주목하는 유망 기술은 AI용 반도체로 정 삼성전자 DS부문 CTO(사장)는 "자율주행·메타버스 등 AI 산업 응용 분야가 지속적으로 확대되면서 AI 반도체 시장의 급성장이 예상 된다"고 밝혔다. "궁극적으로는 인간의 뇌를 모방한 아날로그 뉴로모픽(Neuromorphic) 칩을 통해 기존 반도체 칩이 갖는 전력 문제 등을 해결하는 등 AI 반도체 분야에서 한 단계 도약이 있을 것"이라고 덧붙였다.

컴퓨터 칩은 기억을 하는 메모리 소자와 계산을 하는 연산 소자로 나뉘는 반면 사람의 뇌는 약 1000억 개의 신경세포와 10~1000조개의 시냅스(신경세포 사이 공간)를 통해 기억과 연산을 병렬로 동시에 수행한다. 그럼에도 불구하고 적은 에너지를 소모할 뿐 아니라 전기적인 간섭도 없다. 뉴로모픽 칩은 정보의 저장·처리를 병렬로 수행하는 인간의 뇌를 모방하고 이를 통해 전력소비도 크게 낮출 수 있다.[30]

	Neurogrid (2009) Stanford Univ.	SpiNNaker (2012) Manchester Univ.	SyNAPSE TrueNorth (2014) IBM, HRL	Zeroth (2014) Qualcomm	Loihi (2017) Intel	Neo²c (2016~2021) KIST & etc.	Brain Human (Biology)
Neurons	10^6	2×10^7	10^6	-	13×10^4	10^2 ('18) 10^6 ('21)	$10^{10} \sim 10^{1:}$
Synapses	8×10^9	2×10^{10}	256×10^6	-	13×10^7	2×10^8 ('21)	2×10^{14}
Energy Consumption (mW/cm^2)	50	1,000	20	-	-	56	10
Manufacturing (nm)	180	130	28	-	14	55	-

[그림 40] 국내·외 주요 뉴로모픽 반도체 성능 비교

차세대 유망 기술인 뉴로모픽 반도체는 일부 상용화가 진행되고 있으나 산업적 적용 확대를 위해서는 다소 시간이 소요될 것으로 전망된다.

Gartner의 'Technology Hype Cycle'에 따르면 뉴로모픽 반도체는 10년 후 시장이 형성될 것으로 예측되며, 10년 이후에는 지능형 로봇, 무인기, 자율주행 자동차, AI 비서 등에서 폭넓게 사용할 것으로 전망된다.

---

30) '5년 후 한국 먹여살릴 혁신기술은' ?/ 매일경제

뉴로모픽 반도체는 다양한 분야의 학문이 함께 연구 되어야 하는 대표적인 융합 기술이며, 생물학에서 연구되는 뇌의 학습, 기억, 그리고 인지 기능 등에 대한 이해와 더불어 이를 공학적으로 구현하기 위한 뉴로모픽 시스템, 알고리즘, 소자 등 다양한 공학 분야에서의 기술 발전이 필요하다.

2) 전력 반도체[31]

전력반도체 소자는 크게 실리콘 기반 소자와 화합물 기반 소자로 분류된다. 실리콘 기반 소자는 일반적인 반도체 소자에 비해 고내압화, 큰 전류화, 고주파수화되어 있다.

구분			기능	용도	성장성
다이오드			정류기능을 통해 교류를 직류로 변환	자동차, AV기기	△
트랜지스터	실리콘(Si) 기반 소자	Bipolar	온저항이 작지만 스위칭 속도가 늦음/고소비 전력/ 미세화 곤란	MOSEFT, IGBT로 대체	×
		MOSFET	빠른 스위칭 속도/저소비 전력/미세화 용이/고주파 에 적합하나 온저항이 큼	박형TV, 모터 구동, 효율화로 용도확대	×
		IGBT	스위칭 속도 빠르고, 저소비 전력, 미세화 용이, 고주파 적합, 온저항 작음	백색가전의 인버터, 하이브리드차	◎
	화합물 기반 소자	탄화규소(SiC)	고전압, 고출력 및 고주파 응용 분야에 적합한 차세대 전력소자	고속전철, 전기자동차, 기지국, 발전/송 배전	◎
		질화칼륨(GaN)	넓은 밴드 갭과 높은 항복전압, 낮은온저항, 빠른 스위칭 속도	차세대 에너지, RF 전력 분야	◎
Thyristor			특수 정류 작용	용접기, 직류송전, 가전제품	△

[표 23] 전력반도체 소자 기능과 용도

---

31) 차세대 전력반도체 기술개발 동향, 전황수, IITP

① 실리콘 기반 소자

실리콘 기반 소자는 전원장치(Power device)라고도 하며, Bipolar, MOSFET(Metal Oxide Semiconductor Field Effect Transistor; 금속 산화물 반도체 전계효과 트랜지스터), IGBT(Insulated Gate Bipolar Transistor; 절연 게이트 양극성 트랜지스터) 등이 대표적이다.

전력반도체 소자로는 1960년대부터 실리콘이 널리 사용되어 왔다. 실리콘은 지구상에 존재하는 물질 중 25%를 차지하여 가격이 매우 싸고, 게르마늄에 비해 동작온도 범위가 넓고 산소와 반응하여 자연적으로 산화막($SiO2$)을 형성하는 이점을 갖고 있다.

② 화합물 기반 소자

화합물 기반 소자는 결정이 두 종류 이상의 원소 화합물로 구성되어 있는 반도체로, 갈륨-비소(GaAs), 인듐-인(InP), 갈륨-인(GaP) 등의 Ⅲ-Ⅴ족 화합물 반도체, 황화카드뮴(CdS), 텔루르화 아연(ZnTe) 등의 Ⅱ-Ⅵ족, 황화연(PbS) 등의 Ⅳ-Ⅵ족 화합물 반도체 등이 있다.

태양광 발전에서의 전력 변환의 효율성 증대와 하이브리드차나 전기자동차에서의 차량 연비 및 제한된 장착공간으로 인해 전력변환장치는 경량화와 고밀도화를 요구한다. 실리콘 기반 반도체의 신뢰성과 효율성 문제로인해 차세대 반도체 소자로 넓은 에너지 준위(Wide Bandgap: WBG) 특성을 가지는 화합물 반도체가 부상하고 있다. 현재 상용화된 대표적인 WBG 반도체로는 탄화규소(SiC) 반도체와 질화갈륨(GaN) 반도체가 있다.

구분	실리콘(Si)	탄화규소(SiC)	질화갈륨(GaN)
밴드갭(eV)	1.1	3.3	3.4
Electron mobility (cm2/Vs)	1,350	700	1,500
임계 전기 특성(MV/cm)	0.3	3.0	3.0
최대 전압(V)	1,700	3,000	3,000
최고 온도(℃)	175	600	200
특성	가격경쟁력, 공정호환성	고전압, 고내열 우수	빠른 스위칭 속도

[표 24] 전력반도체 소재 특성 비교

화합물 기반 소자는 기존 실리콘 반도체 밴드갭(1.1eV)에 비해 3배의 넓은 밴드갭 특성(3.3~3.4eV)을 가지고 있으며, 안정적인 고온 동작, 높은 열 전도율, 낮은 저항과 높은 내전압 특성으로 전력 스위칭 시 손실을 저감하고, 빠른 스위칭, 방열시스템 부피 축소 등의 장점을 갖고 있다. 그러나 실리콘보다 뛰어난 기술적 특성에도 불구하고 공정을 구현하는 것이 어렵고 비용이 많이 소요되는 단점이 있다.

SiC는 규소(Si)와 탄소(C)로 이루어진 물질로 매우 강하고, 산에 침식되지 않아 고전압·고내열등 에너지를 대폭 절감할 수 있으며, 고출력·고효율의 전력변환 스위칭소자로 우수한 전기적 특성을 얻을 수 있어 태양광 인버터, 전기자동차, 모터 드라이브 분야에 적용되고 있다. 그러나 관련 장비와 소재의 제약으로 본격적인 상용화에는 상당한 시간이 소요될 것이다.

GaN 소자는 넓은 밴드 갭, 높은 항복전압, 낮은 온저항, 빠른 스위칭 속도의 특성을 가지고 있어 차세대 화학물 반도체 플랫폼으로 각광받고 있다. 저전압 응용 분야에 강점을 가지고 있어 전원공급장치, IDC(인터넷데이터센터), 전기자동차/하이브리드차에 적용될 전망이다.

SiC와 GaN 등 차세대 전력반도체 소자는 여러 장점을 지니고 있음에도 불구하고 낮은 단락내량 및 오작동의 위험성 등 기술적 문제로 인해 제대로 이용되지 못하고 있다. 앞으로 기술적 진전이 이루어져 난관이 해결되면 현재보다 운전손실을 줄이고, 부피를 반 이상 축소할 수 있으며, 효율적이고 고성능으로 운전하면서 전기 소비를 절감할 수 있다.

시장에서는 GaN보다 SiC가 더 선호되고 있어 SiC 전력반도체는 부분적으로 상용화되어 제품이 판매되고 있으나, GaN 기반 전력반도체 기술은 초기단계로 아직 상용화가 되어 있지 않다. SiC 전력반도체는 고전력 장비에, GaN 전력반도체는 중, 저전력 장비에 사용될 것으로 전망된다.

구분	기술발전단계	내용
MOSFET 소자	쇠퇴기	출원건수의 증감이 반복되면서 성장세가 둔화되고 있어 전반적으로 성숙기에서 쇠퇴기로 접어들고 있음
IGBT 소자	성장기	1990년대부터 상당한 수의 특허가 출원되고 다수의 출원인이 시장에 참여하고 있는 등 전통적 시장의 성격을 띠고 있음
SiC 소자	성장기	기술발전 주기는 성장기로 나타나며, 출원 동향을 종합하면 신흥시장으로 파악
GaN 소자	성장기	기술발전 주기는 성장기로 나타나며, 출원 동향을 종합하면 신흥시장으로 파악
모듈/IPM/파워IC	성장기	1990년대부터 특허가 출원되고 다수 출원인이 시장에 참여하고 있는 등 전통적 시장의 성격을 띠고 있음

[표 25] 전력반도체 5개 분야 기술성장 단계 분석

글로벌 제조사들은 SiC, GaN 전력반도체를 전기자동차 등에 적용 중이며, 국내에서는 차세대 전력반도체 시장 진출을 위한 투자를 확대 중이다. 테슬라의 모델3에 SiC 전력반도체가 최초로 적용 된 이후에 현대차, BMW, GM등에서도 전기 자동차에 SiC 전력반도체를 탑재했다. 전력반도체 1위사인 Infineon은 2018년부터 GaN 기반 전력반도체 양산을 시작 하여 충전기, HEMT 등에 적용중이다.

국내 기업들은 글로벌 선도업체 대비 생산 규모나 기술력이 열위한 상황이나, 차세대 전력반도체의 성장 가능성에 주목하고 관련 투자를 확대하고 있다. SK는 SiC 전력반도체 분야 진출을 위해 2022년 4월 국내 SiC 칩 제조사인 예스파워테크닉스의 지분 95.8%를 인수하였으며, 2022년 9월에 GaN 반도체 제조사인 RFHIC와의 JV 설립 MOU를 체결하였다. LX세미콘은 2021년 12월 LG이노텍의 SiC 반도체 소자 설비와 관련 특허 자산을 인수하고 차량용 전력반도체 사업을 신사업으로 추진 중이다.[32]

---

32) 전력반도체 시장 동향 및 전망/KDB미래전략연구소 산업기술리서치센터

3) 차량용 반도체[33]

코로나19의 유행에 따른 완성차·부품 기업들의 자동차 판매수요 예측 실패와 IT기기, 서버 등 타 산업 반도체 수요 급증이 맞물리면서 2020년 말부터 차량용 반도체의 글로벌 공급부족이 지속되고 있다. 여기에 일본 지진, 미국 텍사스 한파 등 자연재해로 세계 반도체 공장 일부가 가동을 멈추면서 글로벌 자동차 업계의 감산은 계속 이어질 전망이다.

차량용 반도체 품귀사태는 단순히 단기에 해소될 일시적 현상이 아니라 미래 모빌리티 산업의 주도권 경쟁이 달린 문제로 전략적인 대응이 필요하다. 전장화 및 자동화로 자동차가 점차 '바퀴 달린 IT기기'로 변모함에 따라 차량용 반도체가 자동차 산업의 핵심부품으로 부상하고 있기 때문이다.

2020년 세계 차량용 반도체 시장규모는 380억 달러(추정)로 전체 반도체 시장의 9.6%를 차지하고 있으며, 향후 타 산업용 반도체 대비 빠르게 성장해 2024년 600억 달러에 이를 전망이다. NXP(네덜란드), 인피니언(독일), 르네사스(일본) 등 3대 기업을 중심으로 매출 상위 10개 기업이 세계 차량용 반도체 매출의 60%를 차지하고 있다.

미래 모빌리티 산업의 3가지 트렌드(전장화·연결성·심화·자동화)로 인해 차량용 반도체 산업은 새로운 전기를 맞이하고 있다. 첫 번째, 전장화 트렌드는 차량용 반도체의 수요는 물론 차량 내 활용범위를 대폭 늘리는 요인이다. ADAS(첨단운전자보조시스템)·자율주행, 전기 파워트레인, 인포테인먼트·텔레매틱스 부품군이 차량용 반도체의 수요 확대를 주도할 전망이다. 한편 전장화의 확대는 애플, 구글등 글로벌 빅테크 기업들이 모빌리티 시장에 진출하는 기회요인으로도 작용하면서, 산업의 밸류체인을 전략적 협업과 플랫폼 경쟁이 공존하는 쌍방향 구조로 재편 시키고 있다. 차량용 반도체, 전장부품, 완성차 기업들은 기존 하드웨어 부문의 비교우위를 공고히 하는 가운데 소프트웨어 부문의 역량을 확대함으로써 이러한 변화에 대응 중이다.

두 번째 트렌드인 차량 내/간 연결성 심화로 차량의 기능이 복잡해지면서, 이를 안전하고 효율적으로 제어하기 위해 반도체를 비롯한 차량의 전기/전자(E/E) 아키텍처는 단일화, 통합화되는 흐름을 보이고 있다. 복잡한 컴퓨팅 작업과 복합기능 수행에 유리한 통합형 반도체 SoC(System On a Chip)의 활용이 확대되고 있으며, E/E 아키텍처 또한 분산형 구조에서 통합형 구조로 발전해 방대한 양의 데이터를 중앙에서 한꺼번에 처리해야하는 자율주행 기술을 뒷받침할 전망이다.

---

33) 미래차, 장문수, 노근창, 강동진, 현대 모터스 그룹

세 번째, 자동화 트렌드로 인해 자율주행용 AI 반도체가 각광받고 있다. 그 중에서도 NPU, 뉴로모픽 반도체 등 차량 자체에서 AI 연산이 가능한 추론용 AI 반도체의 빠른 성장이 예상된다. 엔비디아, 모빌아이(인텔) 등이 AI 반도체 기반의 자율주행 칩 시장을 주도하는 가운데, 기존의 차량용 반도체 기업들은 카메라, 레이더, 라이다 및 V2X에 활용되는 고성능 반도체로 사업영역을 확장하고 있다. 이들은 SoC, 고성능 MCU 등 첨단공정이 필요한 반도체는 대체로 설계만 하고 생산은 대만 TSMC 등 파운드리에 위탁 중이다.[34]

자동차 산업에서의 미래 경쟁력 확보를 위해 ICT 기업과 완성차 기업, 그리고 차량용 반도체 기업들의 협업 및 인수합병이 이루어지고 있다. 또한, 점차 개별 반도체에서 자율주행을 위한 통합 반도체, 혹은 연결 반도체로 기술이 변화하고 있다.

차량용 반도체는 자동차의 실내외의 온도, 압력, 속도 등의 정보를 측정하느 ㄴ센서, 엔진, 전자제어 등에 사용되는 핵심 부품으로 자리 잡고 있으며, 전지자동차나 커텍티드카, 스마트카, 자율주행자 등의 새로운 개념이 등장하면서 사용되는 반도체의 수는 급격히 증가하고 있으며, 중요성 또한 높아지고 있다.

자율주행자동차 관련 업체들이 2020년~2030년까지 자율주행자동차의 상용화를 목표로 하고 있어, 자율주행 관련 기술에 대한 투자 증가와 함께 기술이 급속도로 발전하고 있다. 자율주행을 위한 다양한 기술들이 개발되고 있고, Level 3~4 수준의 자율주행자동차 테스트 주행이 공개되고 있으나, 실제 상용화를 위해서의 기술수준은 아직 부족한 실정이다. 현재의 자율주행자동차는 Level 3을 완성해가고 있는 상황으로, 고객 중심의 기능들을 어느 정도 실현해가고 있다. 현재의 자율주행 Level 3은 운전모니터링시스템(DMS, Driver Monitoring System) 어플리케이션과 HMI-ADAS(지능형 주행보조 시스템)의 통합문제로 시스템 구현이 제한적이다.

최근 자동차에 적용된 다양한 운전자지원시스템(ADAS, Advances Driver Assistance System) 기술이 부분 자율주행기술로 발전하면서 자율주행자동차의 상용화를 가능하게 하고 있다. 현재 부분 자율주행기술은 고속도로 한차선 자율주행 시스템(HDA, Highway Driving Assist), 혼잡구간 운행 지원 시스템(TJA, Traffic Jam Assist), 자동 긴급 제동 시스템(AEB, Autonomous Emergency Braking System), 자율주차(APS, Auto Parking System) 등 4가지로, 향후 2020년까지 자동차 적용이 확대될 것으로 보인다. 부분 자율주행기술(4가지)에 자동 차선변경과 교차로 주행기술이 추가되면 완전 자율주행이 가능한 자동차 상용화의 기술적 토대가 될 것이며, 자율주행자동차는 인공지능(AI) 기술의 발달이 핵심이 될 것이다.[35]

---

34) 국내 차량용 반도체 산업의경쟁력 현황 및 강화방안/한국무역협회
35) 중소기업로드맵 2021-2023, 시스템반도체

5. 반도체 시장 동향

5. 반도체 시장 동향
가. 해외

시장조사기관 옴디아에 따르면 글로벌 반도체 시장은 2021년부터 2026년까지 연평균 5.8% 성장할 것으로 예측된다. 금액 기준으로는 2021년 5923억 7500만달러(약 729조 원)에서 23년 6252억2 900만달러(약 780조 원)로 확대됐다. 2026년에는 7853억 5700만달러(약 967조 원) 규모로 성장할 것으로 전망했다.

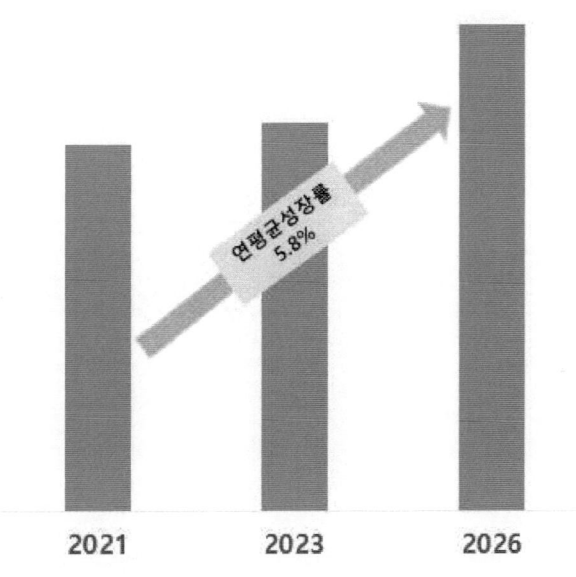

[그림 42] 글로벌 반도체 시장 전망

성장률이 가장 높은 분야는 메모리 반도체다. 메모리 반도체 시장은 2021~2026년까지 연평균 6.9% 증가할 것으로 관측된다. 같은 기간 시스템 반도체의 연평균 성장률이 5.9%인 것보다 1%포인트 높다.

대표 메모리 반도체인 D램과 낸드플래시는 2021년에 비해 2026년 각 5.3%, 9.4% 증가할 것으로 보인다. 특히 낸드플래시는 모든 반도체 제품군 중 가장 성장률이 높다.

옴디아는 2026년에는 D램 시장 규모를 1217억8100만달러(약 150조원), 낸드플래시 1071억9900만달러(약 132조원)로 책정했다.

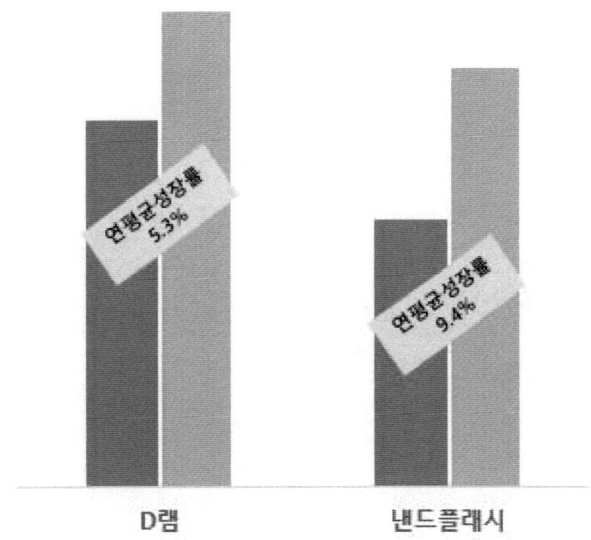

[그림 43] 글로벌 메모리 반도체의 대표 제품군의 시장 전망

D램과 낸드플래시뿐만 아니라 5세대(5G) 이동통신과 인공지능(AI), 고성능컴퓨터 (HPC) 등 메모리반도체 제품군에 대한 수요는 지속적으로 확장할 가능성이 높다.

장기적인 성장세는 낙관적이지만 단기적인 상황은 좋지 않다. 최근 반도체 및 메모리 반도체 시장은 공급 과잉 현상을 겪고 있다. 인플레이션, 금리 인상 등 거시경제에 위기가 닥치자 전반적인 수요가 줄어들며 값어치가 하락했다.

특히 메모리 반도체의 하락이 심상치 않다. 시장조사기관 트렌드포스는 2023년 1분기 D램 평균판매가격(ASP)이 전기대비 13~18% 떨어질 것이라고 봤다. 1분기 낸드플래시 ASP 역시 전기대비 10~15% 하락할 것으로 내다봤다.

주요 반도체 고객사의 반도체 재고가 소진되는 상황부터 가격이 반등할 것으로 관측한다. 2023년 2분기부터 고객사의 반도체 재고가 정산 수준에 근접할 것으로 예측되며, 3분기부터는 재고 건전화에 접어들 것으로 2분기부터 D램·낸드플래시 가격 하락폭도 둔화할 것으로 전망된다.[36)]

---

36) 반도체 시장, 2026년에는 960조원 규모… 올해 전망은?/디지털데일리

나. 국내37)

　2022년 반도체 수출은 전년 1,003억 달러 대비 1.7% 증가한 1,309억 달러로 역대 0최대 반도체 수출실적을 기록할 전망이다. 반도체 수출은 상반기 공급망 훼손 우려로 인한 재고축적, 파운드리 경쟁력 제고 등에 따른 시스템반도체 수출 호조 등으로 역대 세 번째로 1,200억 달러를 돌파 하였다.

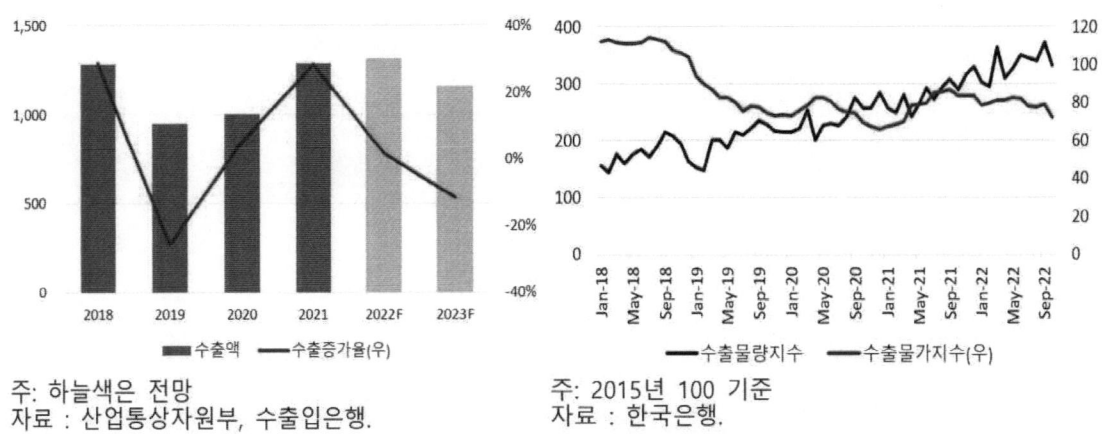

주: 하늘색은 전망
자료 : 산업통상자원부, 수출입은행.

[그림 44] 반도체 수출 현황 및 전망
(단위: 억 달러)

주: 2015년 100 기준
자료 : 한국은행.

[그림 45] 반도체 수출물량 및 물가지수

　반도체 수출은 메모리반도체 비중이 압도적으로 높았으나 2022년에는 시스템반도체 수출 비중이 38%로 증가하였다. 시스템반도체 수출은 파운드리 업황 호조 및 경쟁력 향상, 미중갈등 등에 따른 한국 파운드리 이용 증가 등으로 2022년에 연 460억 달러 이상으로 증가하였다.

　2023년 반도체 수출은 전년 대비 11.5% 감소한 1,159억 달러 내외로 전망된다. 2023년 반도체 수출은 예상보다 가파르게 악화되는 메모리반도체 수요와 가격, 반도체 기업과 수요기업의 높은 반도체 재고 등으로 인해 수출이 큰 폭으로 하락할 전망이다.

---

37) 2023 반도체산업 수출 전망/한국수출입은행

1) 메모리반도체

2023년 메모리반도체 시장은 가파른 수요감소, 가격하락, 높은 재고수준 등으로 2022년 대비 17% 역성장할것으로 전망된다. 2023년 상반기는 수요기업의 완제품 및 반도체 재고소진 등으로 메모리반도체 수요가 둔화되나, 2023년 중반부터 반도체 구매가 회복되면서 수요 개선을 기대할수 있다.

IT기기 수요의 예상보다 빠른 감소로 반도체 기업의 재고 뿐만 아니라 수요기업의 반도체와 완제품 재고가 증가하여 2023년 상반기에 재고조정이 진행될 전망
2022년 3분기 샤오미의 완제품 재고는 전년동기 대비 28% 증가하였고, D램은 2022년 4분기초 스마트폰 기업의 D램 재고는 6~8주, PC 조사의 D램 재고는 10~14주, 미국 초대형 데이터센터 운영기업의 D램 재고는 11~13주 물량으로 추정된다.

하반기에 반도체 수요 회복을 기대하나 경제성장률 둔화 등으로 큰 폭의 수요 회복은 기대하기 어려울 것으로 예상된다.

주요 반도체 기업은 공급과잉 해소를 위해 CAPEX 하향 조정, 웨이퍼 투입량 축소, Tech Migration 속도 조정, 저부가 제품 감산 등을 발표하였다. 메모리반도체 기업의 2022년말 재고는 10~12주 수준으로 지난 Downcycle이 시작된 2018년말 삼성전자와 SK하이닉스의 재고수준인 4~6주 대비 높은 수준으로 전망된다.

2023년 D램 CAPEX는 전년 대비 26% 감소한 245억 달러, 낸드플래시 CAPEX는 2022년 대비 24% 감소한 289억 달러 전망된다.

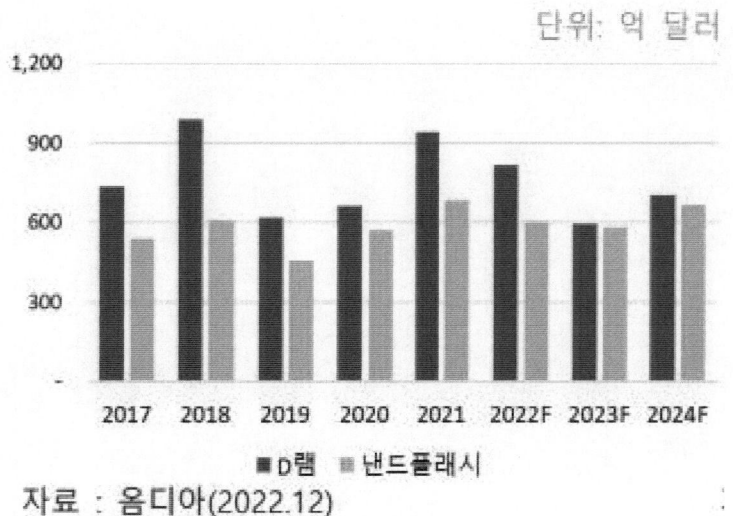

자료 : 옴디아(2022.12)

[그림 46] 메모리반도체 시장규모 전망

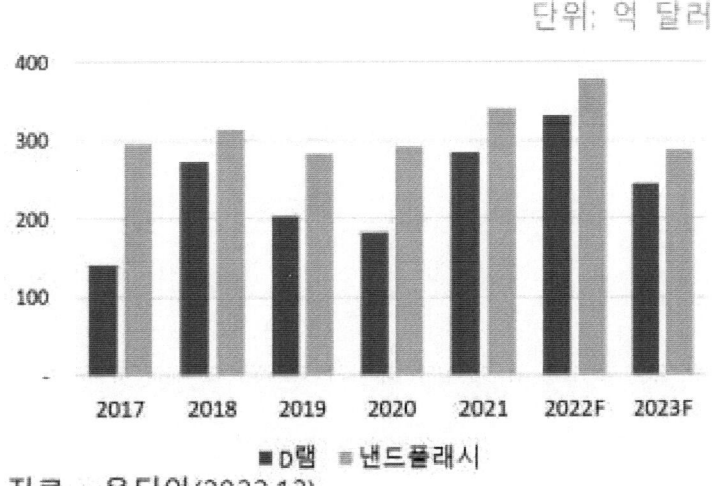

자료 : 옴디아(2022.12)

[그림 47] 메모리반도체 CAPEX

D램 가격은 2023년 4분기까지 하락, 낸드플래시 가격은 2023년 3분기 반등이 예상된다. 2023년 상반기는 2022년 연말 성수기의 부진한 IT기기 수요 등으로 상당한 규모의 IT 완제품과 반도체 재고가 축적되면서 메모리반도체 가격은 큰 폭으로 하락할 것으로 전망된다.

메모리반도체 재고는 고객사의 반도체 재고 소진 우선 정책, 반도체 기업의 생산량 축소 노력 등으로 2023년 1분기가 정점이 될 전망이다

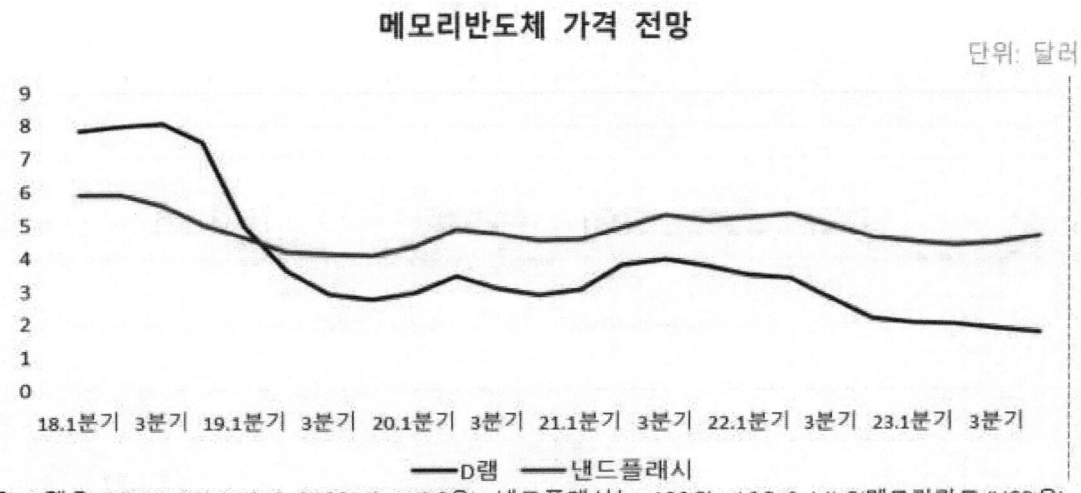

주: D램은 DDR4 8Gb 1Gx8 2133Mbps(PC용), 낸드플래시는 128Gb 16Gx8 MLC(메모리카드/USB용) 기준.
자료 : 옴디아(2022.12)

[그림 48] 메모리반도체 가격 전망

2) 시스템반도체

시스템반도체 시장은 5G, IoT, AI, 자동차 등의 수요 증가로 2022년 대비 4% 성장할것으로 전망된다. 시스템반도체 시장은 2020~2022년에 전년 대비 두 자릿수 증가한 영향 등으로 2023년 성장률은 둔화되나 성장세 지속될 전망이다.

시장규모가 큰 품목은 로직 IC(Integrated Circuit), 마이크로컴포넌트, 아날로그 IC 순이며 로직 IC 시장규모는 메모리반도체 시장규모 수준이다. 로직 IC는 스마트폰의 두뇌를 담당하는 AP(Application Processor), 디스플레이 구동칩(Display Driver IC, DDI) 등을 포함하며 2023년 시장규모는 전년 대비 4% 성장한 1,838억 달러 내외로 전망된다.

마이크로컴포넌트는 가전 등 전자제품의 두뇌를 담당하는 마이크로컨트롤러(MCU) 등을 포함하며 2023년 시장규모는 전년 대비 4.9% 성장한 1,060억 달러 내외로 전망되며, 아날로그 IC는 아날로그 신호(빛·소리 등)를 디지털 신호로, 디지털 신호를 아날로그 신로호 변환해주며 전력관리반도체(Power Management IC, PMIC) 등을 포함하며 2023년 시장규모는 전년 대비 3% 성장한 940억 달러 내외로 전망된다.

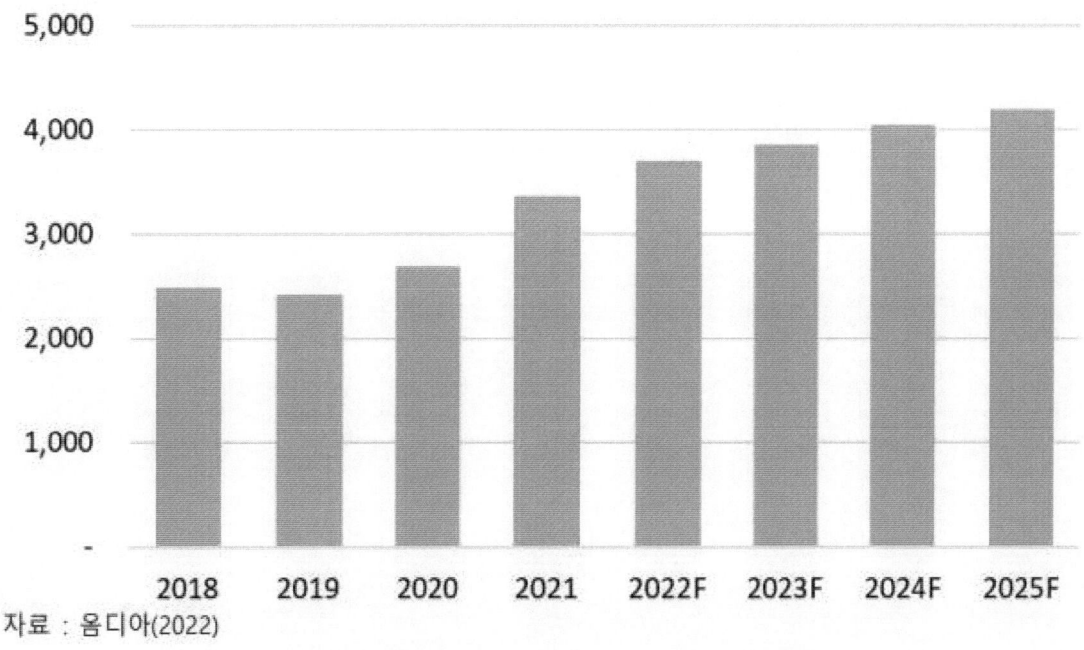

자료 : 옴디아(2022)

[그림 49] 시스템반도체 시장규모 전망 (단위: 억 달러)

시스템반도체는 반도체 설계(팹리스)와 위탁생산(파운드리)가 분리된 구조이며 팹리스 기업은 수요둔화, 재고 증가 등으로 2023년 상반기까지 재고 조정 예상된다. 퀄컴과 엔비디아의 2022년 3분기 재고자산은 전년동기 대비 각각 96%, 104% 증가 하였다.

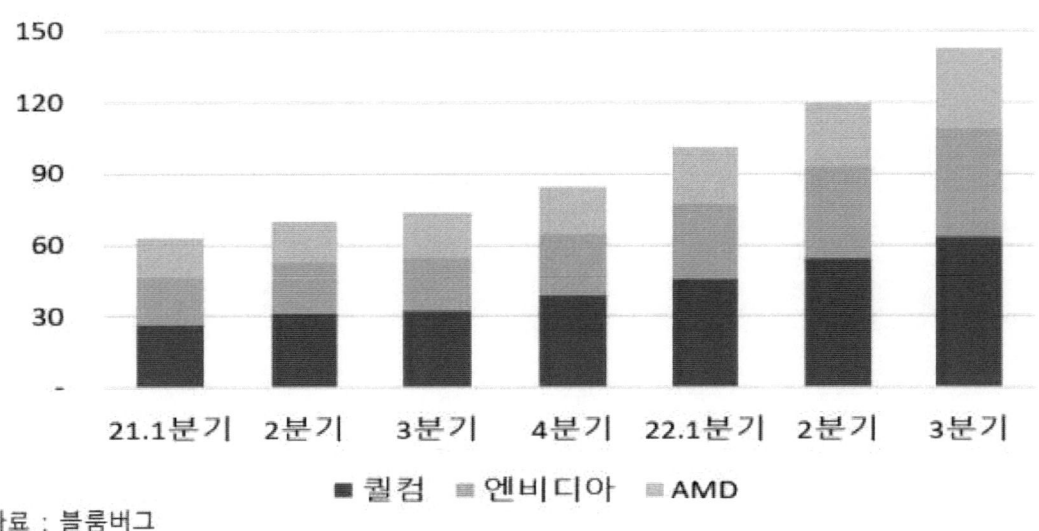

자료 : 블룸버그

[그림 50] 주요 시스템반도체 기업 재고자산 (단위: 억 달러)

2021년 한국의 시스템반도체 시장점유율은 3%로 메모리반도체 대비 한국의 시스템 반도체 경쟁력은 낮은 상황이다. 시스템반도체 세부 분야별 한국의 점유율은 로직 IC 5.7%, 아날로그 IC 1.3%, 마이크로컴포넌트 0.4% 순이다.

로직 IC의 점유율은 2015년 7.0%에서 2021년 5.7%로 하락했다. 이는 대표 품목인 디스플레이 구동칩(DDI)과 AP가 디스플레이 출하량 감소와 국내기업의 AP를 탑재한 스마트폰 출하량 감소 등에 영향받은 것으로 보인다. 아날로그 IC의 점유율은 2015년 0.9%에서 2021년 1.3%로 소폭 상승하였으며, 마이크로컴포넌트의 점유율은 2015년 0.9%에서 2021년 0.4%로 하락했다.

가) 디스플레이 구동칩(Display Driver IC, DDI)

2022년 디스플레이 구동칩(DDI) 시장은 디스플레이 수요 감소 등으로 전년 대비 10% 역성장한 124억 달러 전망된다. DDI 시장은 지난 2년간 코로나19 특수로 TV 등의 수요가 증가하면서 2020년에 47%, 2021년에 75%로 성장했으나 2022년에 패널 수요 감소로 공급과잉으로 전환되었다.

LCD DDI 시장은 전년 대비 16% 축소된 반면, OLED DDI 시장은 전년 규모 유지로 DDI 시장의 40% 창출 전망된다. 팹리스는 수요 둔화로 2022년 2분기부터 웨이퍼 투입량을 낮추었으나 상반기에 투입된 웨이퍼가 하반기에 나오면서 DDI 재고자산 정점은 2022년 3분기가 될것으로 보인다.

2023년 디스플레이 구동칩 시장은 전년 대비 13% 역성장한 108.5억 달러로 2년 연속 역성장할 것으로 전망된다. DDI 수요는 OLED와 차량용 패널 수요 증가 등으로 전년 대비 3% 증가하나 DDI 가격은 공급과잉으로 하락세가 지속될 전망이다. 모바일용 DDI 생산능력은 전년 대비 9% 증가하나 수요는 4% 증가에 불과하여 2023년말까지 공급과잉이 지속되면서 소형 패널 OLED용 DDI 가격은 2022년 평균 5.3달러에서 2023년 평균 4.4달러로 16% 하락될 전망이다.

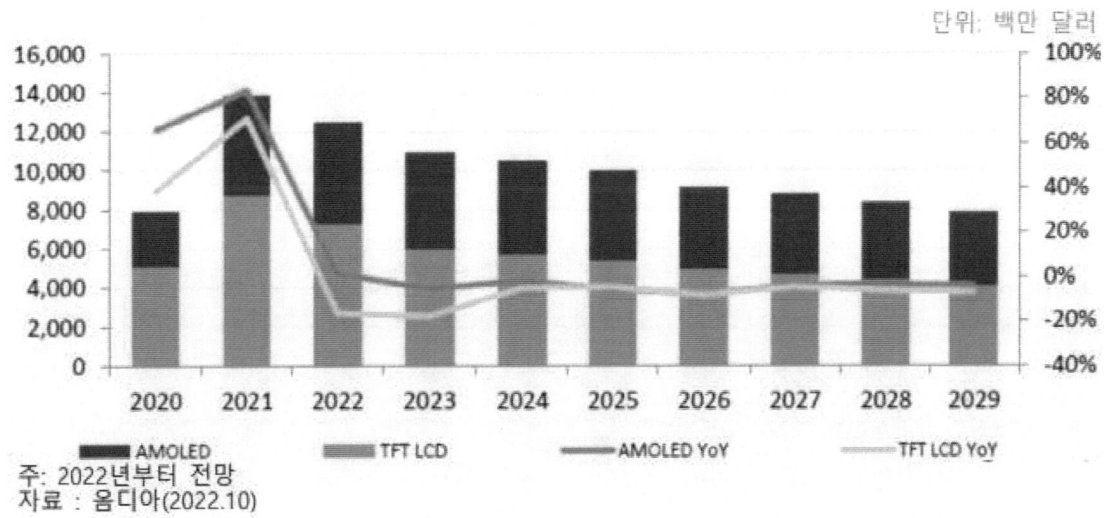

주: 2022년부터 전망
자료 : 옴디아(2022.10)

[그림 51] 디스플레이 구동칩 시장 전망

국내 주요 DDI 기업의 매출액은 OLED 패널 시장의 성장 등으로 2023년에도 성장하나 DDI 가격 하락 등으로 2023년 매출증가율은 둔화할 전망이다. 2023년 글로벌 디스플레이 시장은 전년 대비 1.7% 성장하나 OLED 시장은 전년 대비 8.7% 성장할 전망이며 한국이 OLED 패널 시장을 선도할 것이다.

국내 디스플레이 기업은 국내 DDI 기업 의존도가 높으나 주요 DDI기업의 재고 증가, R&D 투자 확대 등으로 수익성은 하락할 전망이다. LX세미콘의 2022년 3분기 재고자산은 4,483억원으로 전년 동기 대비 141% 증가하며 역대 최대치를 기록하였다.

나) 모바일 Application Processor(AP)

2022년 AP 시장은 스마트폰 출하량 감소 등에도 불구하고 5G폰 시장 확대 등으로 2021년 대비 11% 성장한 211억 달러로 추정된다. 이는 4G에서 5G로의 전환 등으로 AP의 평균 판매가격 상승이 큰 요인으로 보인다.

2023년 AP 시장은 저가 스마트폰 시장 확대, 경쟁심화 등으로 전년 대비 2% 역성장 한 207억 달러로 전망된다. 스마트폰 AP 시장은 퀄컴과 미디어텍이 선도하며 미디어텍은 중저가 시장 중심으로 사업을 영위, 애플은 자체 개발한 AP를 탑재하였다.

2021년 스마트폰 AP 시장점유율은 미디어텍 35%, 퀄컴 31%, 애플 16%, 삼성전자 8%, Unisoc 10%, 하이실리콘(화웨이의 자회사) 2% 순이다. 중국 스마트폰 기업이 미국의 화웨이 제재 이후 해외기업 의존도를 축소하고 자사 스마트폰에 최적화된 AP 개발을 추진하면서 2023년 경쟁은 더욱 심화될 것으로 보인다.

삼성전자의 스마트폰 AP 시장점유율은 2020년 11%에서 2021년 8%로 하락했으며 삼성 전자 시장점유율 확대는 쉽지 않을 전망이다. 삼성전자의 플래그십 스마트폰 갤럭시 S22는 자사와 퀄컴의 칩을 탑재했으나 자사 AP 성능 논란 등으로 갤럭시S23은 전량 퀄컴 제품 탑재할 전망이다.

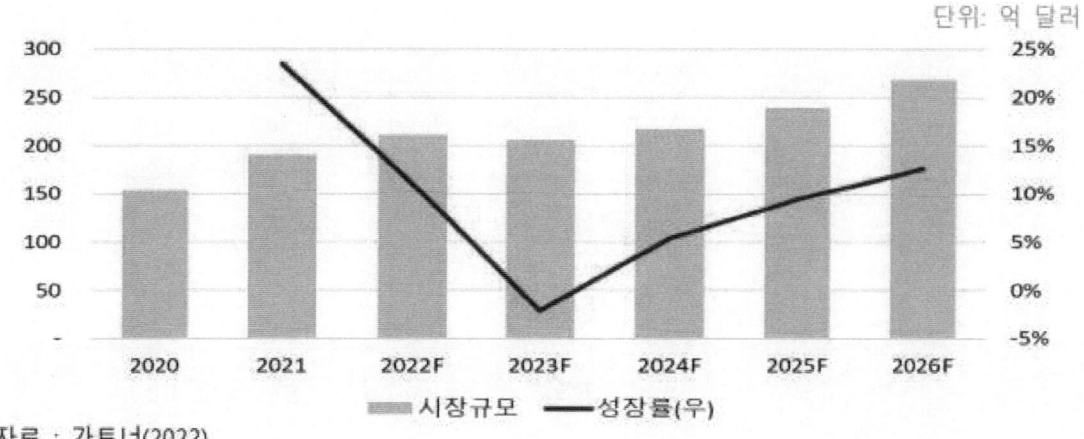

자료 : 가트너(2022)

[그림 52] AP 시장규모 전망

다) 이미지센서

2022년 이미지센서 시장은 스마트폰 수요 둔화, 휴대폰의 평균 카메라 탑재량 감소 등으로 전년 대비 7% 감소한 186억 달러로 13년만에 처음으로 역성장할 것으로 전망된다. 2021년 이미지센서의 수요처별 매출 비중은 모바일 63%, 보안과 컴퓨팅 각 9%, 자동차 8% 순이다.

스마트폰 출하량은 2021년 대비 약 10% 감소 전망, 스마트폰의 평균 카메라 수는 2021년 4.1개에서 2022년 2분기 3.9개로 감소하였다.

2023년 이미지센서 시장은 전년 대비 4% 성장한 193억 달러 전망되며, 스마트폰의 평균 카메라 수는 평균 카메라 탑재량이 상대적으로 적은 저가폰 출하량 증가 등으로 2023년에도 감소하나 고부가 이미지 센서 수요는 증가할 전망이다.

삼성전자는 중가폰 갤럭시A 시리즈에 4개의 카메라를 탑재했으나 2023년에 출시될 신모델에는 심도 카메라를 없애고 나머지 카메라 사양 강화 및 AI 알고리즘 사용을 추진하고 있다.

단위: 십억 달러

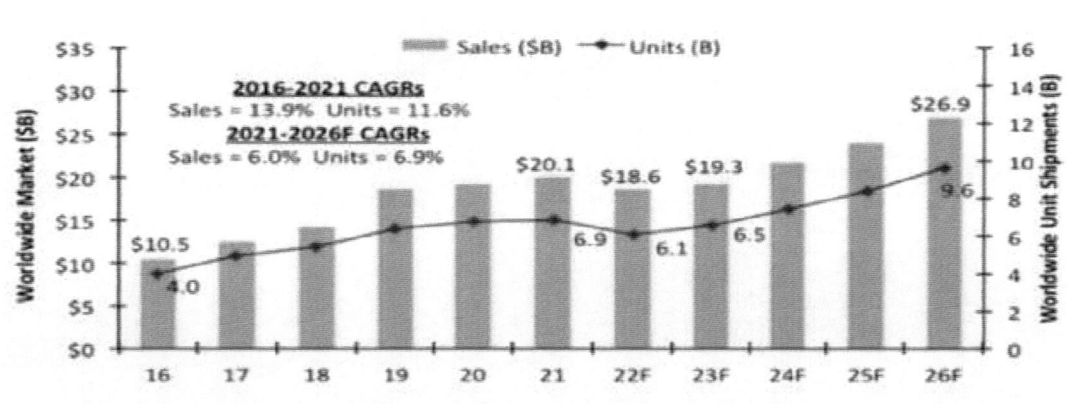

주 : CMOS(Complementary Metal-oxide Semiconductor) 기준
자료 : IC Insights(2022.8)

[그림 53] 이미지센서시장 전망

국내 기업으로 삼성전자, SK하이닉스 등이 동 사업을 영위하며 이미지센서 시장의 성장, 국내 기업의 경쟁력 제고 등으로 2023년에 국내 기업의 성장이 기대된다. 삼성전자의 이미지센서 매출은 비메모리반도체 매출의 약 20%로 추정되며 고부가 제품 개발과 수요처 다변화(자동차 등)에 집중할 전망이다.

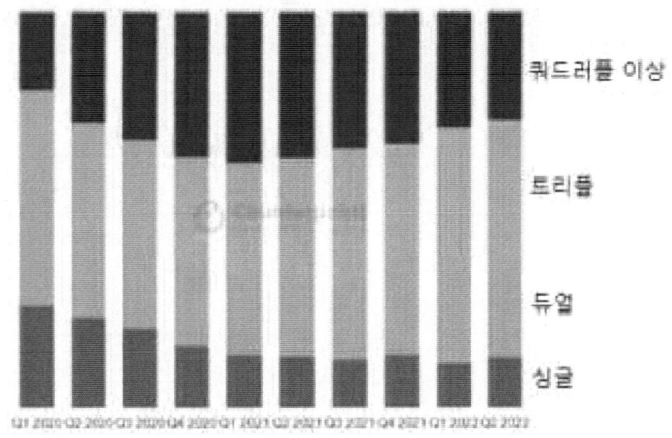

자료 : 카운터포인트(2022.9)

[그림 54] 스마트폰 카메라 탑재 수량 비중

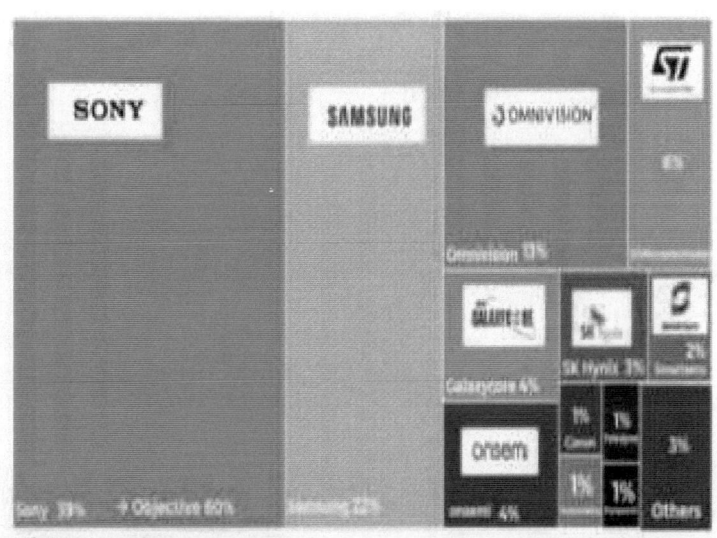

자료 : Yole(2022.9)

[그림 55] 2021년 이미지센서 시장점유율

다. 반도체 장비 산업[38][39]

반도체장비는 반도체 생산공정에 따라 크게 웨이퍼제조장비, 전공정장비, 후공정장비 및 부분품으로 구분할 수 있으며, 더욱 세부적으로는 반도체 8대 생산공정별로 분류할 수 있다. 웨이퍼는 반도체의 재료가 되는 얇은 판이며, 전공정은 웨이퍼에 회로 모양을 새기고 깎아내는 핵심 공정이다. 전공정을 거친 웨이퍼는 이후 여러 조각으로 절단되어 개별 포장된 이후 성능 검사를 거쳐 출고되는데, 이 공정이 보통 후공정으로 분류된다. 최근 이종 패키징 기술이 주목받으면서 후공정에서도 높은 기술 수준을 요구하는 가공단계가 추가되고 있으나, 보통 기술장벽이 가장 높아 국가별로 편차가 심한 공정은 전공정으로, 첨단 반도체장비 다수가 전공정과 밀접한 관련이 있다.

반도체장비시장은 지정학적인 특수성을 지니고 있다. 반도체장비 수요는 대부분 동아시아에서 발생하며, 특히 중국이 최대 수요국이라는 사실에 주목할 필요가 있다. 2021년 기준 세계 반도체장비 수요는 1,027억 달러 규모로, 이 중 77.5%에 해당하는 796억 달러의 장비가 동아시아 3국(한국·중국·대만)에서 소비되었다. 반면 반도체장비 공급은 미국을 중심으로 일본·네덜란드 등 미·중 경쟁 구도에서 미국과 이해관계를 같이 하는 국가들이 주도하고 있다. 핵심 장비 공급을 독점하는 상위 5개 장비업체는 모두 상기 3국에 소재하고 있으며, 이들의 2021년 총매출액은 816억 달러로 동기간 세계 반도체장비 총구매액의 80%를 상회한다. 반도체장비시장은 기술장벽이 높아 신규 기업이 진입하기 매우 어렵고, 삼성·TSMC 등 글로벌 반도체기업은 기술적으로 검증된 업체와 장기계약을 체결하는 경우가 많아 현재의 독과점 구도는 장기간 지속될 것으로 전망된다.

공정별 장비 분류	2020	2021	2022p	2023p	연평균증가율[p] (2020-23)
웨이퍼제조·가공 장비(WFE)	612	875	1,010	1,043	(19.4)
검사장비(Test)	60	78	88	88	(13.6)
조립·패키징 장비(A&P)	39	72	78	77	(25.5)
장비 전체	711	1,025	1,175	1,208	(19.3)

주 : 웨이퍼제조장비(wafer fab equipment)은 웨이퍼가공(wafer processing), 팹설비(fab facilities), 마스크/레티클(mast/reticle) 장비를 포함
자료 : SEMI, 2022 Mid-Year Total Equipment Forecast (2022.7)

[그림 56] 글로벌 반도체장비시장 규모 및 전망 (단위: 억 달러, CAGR %)

2021년 세계 반도체장비시장은 전년대비 44.2% 급성장하며 최초로 1,000억 달러를 상회하여 1,025억 달러의 시장규모를 기록하였다. 2023년 세계 반도체장비시장의 규

---

38) 반도체 장비·소재산업 동향 , 이슈보고서, 한국수출입은행
39) 반도체장비산업, 2020년 투자 증가. 매수 시점은 Now/NH투자증권

모가 1,200억 달러를 상회할 것으로 전망하며 중장기적으로 반도체장비시장의 성장동력이 충분하다고 판단된다.

공정별로는 조립·패키징 장비(A&P), 웨이퍼제조·가공장비(WFE),검사장비(Test)순으로 시장성장률이 높으로 것으로 전망된다.

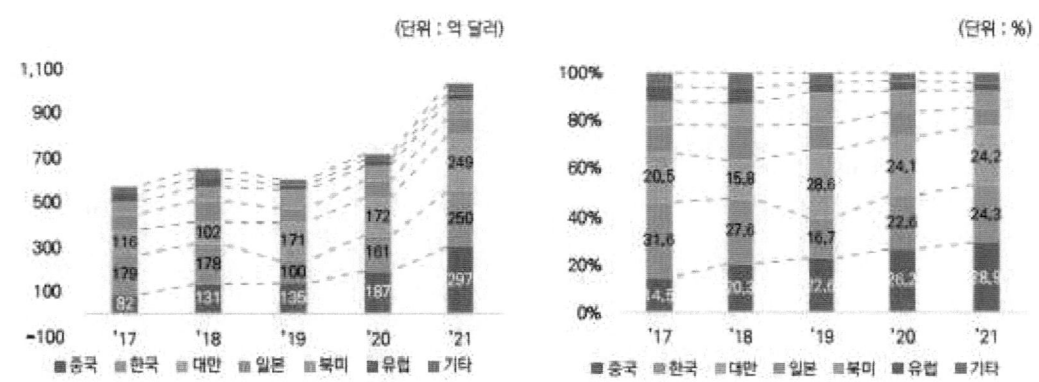

자료 : SEMI, Worldwide Semiconductor Equipment Market Statistic(WWSEMS)

[그림 57] 국가별 연간 반도체장비 구매 추이(금액)(좌), 국가별 연간 반도체장비 구매 추이(비중)(우)

2022년 상반기 기준 아시아 3국의 반도체장비 구매금액은 368억 달러로 세계 반도체 장비 구매액의 72% 차지한다. 중국은 2019년 대만을 제치고 현재까지 세계 최대의 반도체장비 수요국이며 2017~21년 중 반도체장비 구매액이 연평균 38% 증가하여 전 세계에서 가장 빠른 성장세를 보이고 있다.

메모리 반도체 시장이 불황이었던 2018~19년 중 한국·대만의 반도체장비 구매가 일시적으로 감소한 것과 대조적으로 중국의 반도체장비 구매는 감소 없이 매년 꾸준히 증가하였다. 이는 중국의 반도체장비 구매 배경에는 미국의 대중 제재로 첨단 장비 접근이 어려운 중국이 당장 접근 가능한 14nm 이상의 성숙 공정 위주로 반도체 산업을 육성한 결과 상용 반도체장비 수요가 견조하게 유지되었기 때문이라는 분석이 있다.

반도체 조달에서 아시아 의존도를 낮추고자 북미·유럽 내 반도체 설비투자가 최근 급격히 증가하였고 반도체장비 구매금액 또한 이를 반영하여 급격히 증가하였다. 2022년 상반기 기준 북미의 구매액은 52억 달러로 전년 대비 73% 증가, 유럽은 32억 달러로 146% 증가하며 동기간 세계평균 성장률인 5.4%를 큰 폭으로 상회하였다.

국가		2017	2018	2019	2020	2021	2022.상	
아시아		377	411	406	520	796	368	(-5.2)
	중국	82	131	135	187	297	142	(0.0)
	한국	179	178	100	161	250	110	(-20.9)
	대만	116	102	171	172	249	116	(8.4)
일본		66	95	64	75	79	36	(2.9)
북미		56	59	82	65	76	52	(73.3)
유럽		37	43	24	27	33	32	(146.2)
기타		31	41	24	25	44	26	(44.4)
세계		566	645	598	713	1,027	511	(5.4)

주 : 수요는 해당 기간 각 지역 내 반도체장비 구매금액(billing) 기준 (국적 기준이 아님에 유의)
자료 : SEMI, Worldwide Semiconductor Equipment Market Statistic(WWSEMS)

[그림 58] 국가별 반도체장비 연간 구매금액 추이 (단위: 억 달러, 전년동기비%)

순위	기업명	국적	매출	시장점유율	기업 동향
1	Applied Materials	미국	230.6	(22.5)	• 반도체장비 업계 매출 기준 세계 1위 • 증착공정 분야 1위
2	ASML	네덜란드	220.1	(21.4)	• 노광장비 분야 1위 • 극자외선(EUV)노광장비의 경우 독점생산 • 2021년 역대 최대 매출 기록(136.5억 유로)
3	LAM Research	미국	146.3	(14.2)	• 식각장비 분야 1위
4	Tokyo Electron	일본	127.3	(12.4)	• 일본 최대의 반도체 제조장비 기업 • 도포장비 분야 1위
5	KLA	미국	92.1	(9.0)	• 반도체 생산공정 관리장비 분야 1위

주 : 시장 점유율은 2021년 세계 반도체장비 구매금액 총액 대비 각 기업별 연간 매출액으로 계산
자료 : SEMI, Worldwide Semiconductor Equipment Market Statistic 및 각 기업별 연간보고서(annual report) 참조

[그림 59] 글로벌 반도체 제조장비 2021년 기업현황 (단위: 억 달러, %)

기술장벽이 높은 전공정장비 공급시장은 선진국(미국·일본·네덜란드) 기업에 의해 주도되는 독과점 구조로, 2021년 기준 상위 5대 반도체장비업체가 세계 반도체장비시장의 79.5% 점유하고 있다.

기업	중국	한국	대만	일본	미국	유럽	기타	합계
Applied Materials	75.4 (32.7)	50.1 (21.7)	47.4 (20.6)	19.6 (8.5)	20.4 (8.8)	11.0 (4.8)	6.8 (2.9)	230.6 (100.0)
ASML	32.4 (14.7)	73.6 (33.4)	86.7 (39.4)	5.4 (2.5)	18.7 (8.5)	1.8 (0.8)	4.5 (0.7)	220.1 (100.0)
LAM Research	51.4 (35.1)	39.2 (26.8)	21.2 (14.5)	13.6 (9.3)	6.7 (4.6)	4.6 (3.2)	9.5 (6.5)	146.3 (100.0)
Tokyo Electron	36.3 (28.5)	26.0 (20.4)	22.7 (17.9)	18.0 (14.1)	13.8 (10.9)	5.8 (4.5)	4.8 (3.7)	127.3 (100.0)
KLA	26.6 (28.9)	14.3 (15.5)	25.3 (27.4)	7.2 (7.9)	9.3 (10.1)	6.4 (6.9)	3.0 (3.3)	92.1 (100.0)

주 : 1) 매출 변환에는 한국은행의 2021년 연간평균환율 사용(달러/유로=1.1828, 엔/달러=109.9027)
주 : 2) 음영은 각 기업별 매출 비중 1위 국가를 표시한 것
자료 : 각 기업 2021년도 연간보고서(annual report) 참조

[그림 60] 5대 글로벌 반도체장비 기업의 국가별 매출 현황(2021)

2021년 5대 반도체장비업체의 전 세계 매출액은 816억 달러로, 이는 세계 반도체장비 총구매금액인 1,027억 달러의 80% 수준에 육박한다. 2021년 5대 반도체장비업체 매출의 76%가 동아시아 3국(한국·중국·대만)에서 발생하였으며 이는 반도체 파운드리가 밀집하여 장비 수요가 높은 아시아의 특성이 반영된 것이다. ASML을 제외한 나머지 4개 업체 매출은 평균 31.3% 중국에서 발생하는 것으로 나타나 글로벌 반도체장비업체의 대중국 매출 의존도가 높은 것으로 파악된다.

한국도 2021년 기준 연간 반도체장비 구매금액의 80% 이상을 글로벌 5대 반도체장비 업체에게 의존하고 있어 해당 기업이 소재한 미국·일본·네덜란드의 정책 변화에 따른 장비 조달 리스크가 큰 편이다. 2021년 한국은 총 250억 달러의 반도체장비를 구매하였는데, 동기간 5대 반도체장비 기업의 한국 매출액은 203억 달러로 그 비중이 81.3%에 육박한다.

미국은 중국 반도체 굴기를 견제하기 위해 네덜란드 정부와 협조하여 ASML의 극자외선(EUV) 노광장비의 대중국 수출을 사실상 차단한 전례가 있으며, 일본 또한 아시아 지역에서 미국의 최우방국으로서 반도체장비 관련 정책 기조를 미국에 맞추어 조율할 가능성이 높다고 판단된다.

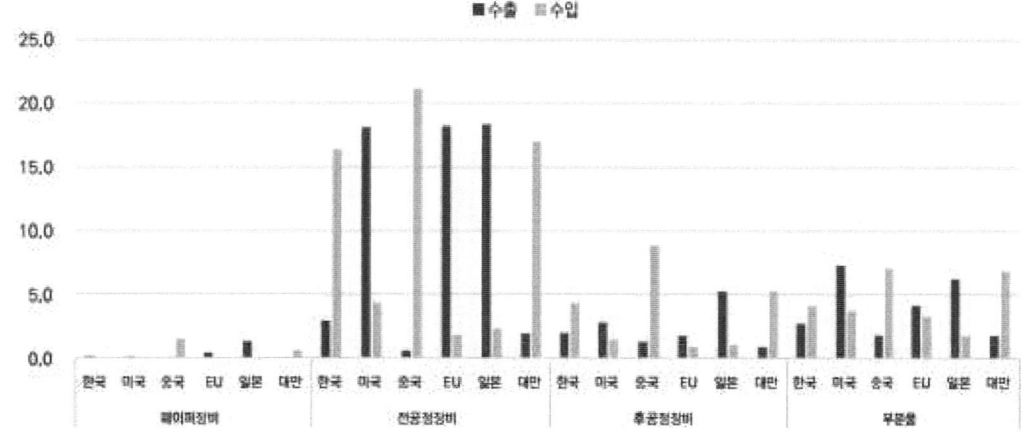

주 : 수치는 참고자료 참고
자료 : 한국무역협회 K-stat

[그림 61] 공정별 세계 반도체장비 교역 현황(2021) (단위: 억 달러, 전년동기비%)

일본, 미국, EU는 2021년 반도체장비 무역수지 기준으로 1,2,3위를 차지하고 있으며 반도체장비 수출시장에서 공급자 역할을 담당한다. 일본은 반도체 생산공정 전반에 걸쳐 반도체장비 무역흑자를 시현하고 있으며, 부분품을 제외한 웨이퍼·전공정·후공정 장비에서 수출금액 기준으로 세계 1위이다. 미국은 부분품의 수출이 가장 활발한 가운데 2022년 상반기에 반도체 공정 전체에 걸쳐 장비 수입이 두 자리대 증가율을 보이고 있는데 이는 최근 미국 내 반도체 신규 설비투자가 급증한 것에 기인한다. EU는 이롭ㄴ에 이어 전공정장비 수출액이 2번째로 많으며 2022년 상반기 기준 모든 공정에 걸쳐 장비 수입이 수출보다 높은 증가율을 보였으며 이는 최근 자국 내 반도체 설비투자 증가가 반영된 것이다.

중국, 대만, 한국은 2021년 기준 반도체장비 수입액이 가장 많은 국가인 동시에 반도체 장비 적자 1위, 2위, 3위를 기록하여 세계 반도체장비 수출시장에서 수요자 역할을 한다. 중국은 반도체장비 수입이 2020년 269억 달러로 전년대비 2.7% 성장한데 이어 2021년 역대 최고치인 386억 달러(4.36% 성장)를 기록하는 등 2년 연속 장비 수입이 증가하다가 2022년 상반기에는 전년 대비 1.6% 감소하며 하락 전환했다.

중국에 이어 수입 2위 국가인 대만은 2020년 장비 수입액이 215억 달러로 전년 대비 소폭 감소하였으나 2021년 298억 달러(38.4% 성장)를 기록하며 상승세로 전환한 이후 올해 상반기에도 전년 대비 23.4% 성장하는 등 꾸준한 성장세를 유지중이난.

중국, 대만에 이어 세계 반도체장비 수입국 3위인 한국은 2020년 166억 달러, 2021년 250억 달러 규모의 장비를 수입하였으나 올해 상반기 수입은 전년 대비 18.8% 역성장하였다.

한국 반도체산업은 9년 연속 반도체 종합 2위, 메모리 1위 등 외형적인 성과에도 불구하고 반도체장비 부문 자급률이 낮아 상당수 장비를 수입에 의존하고 있다. 우리나라 반도체 소부장(소재·부품·장비) 자립화율은 30%대 수준이며 특히 반도체장비의 국산화율은 20%로 추정된다. 이렇듯 우리나라는 주요 반도체장비 대부분을 수입에 의존하고 있어 반도체 설비투자가 늘어날수록 핵심 장비 수입도 함께 늘어나는 구조적인 문제를 안고 있다. 정부는 2026년까지 향후 5년간 340조 원을 투자하여 기술개발 및 설비투자를 가속화할 예정이며 2030년까지 반도체 소·부·장 자립화율을 현행 30%에서 50% 수준으로 상향할 계획이다.

라. 반도체 소재 산업[40]

반도체 시장은 2021년도 5,837억 달러에서 2025년도 7,235억 달러로 연평균 8.8% 성장할 것으로 전망되며, 2025년까지 반도체 수요처별 연평균성장률은 자동차 15.7%, 서버 및 저장장치 12.9%로 크게 증가하고 PC는 연평균 성장률 1.5%로 성장세가 다소 둔화될 전망이다.

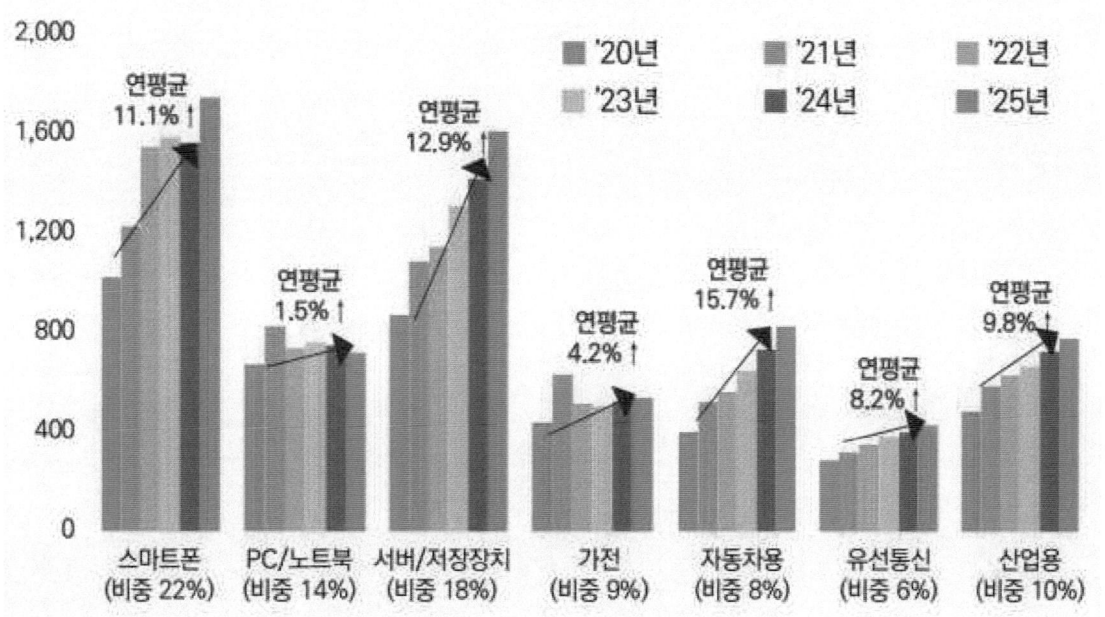

[그림 62] 반도체 시장 전망(억 달러, %)

메모리반도체 시장은 2021년도 1,692억 달러에서 2025년도 2,306억 달라러 연평균 12.5% 성장할 것으로 전망되며 2025년까지 메모리반도체 수요처별 연평균 성장률은 유선통신 39.4%, 자동차 20.7%, 스마트폰 18.6% 분야에서 크게 성장할 것으로 전망된다.

시스테반도체 시장은 2021년도 3,263억 달러에서 2025년도 3,843억 달러로 연평균 7.3% 성장할 것으로 전만되며, 2025년까지 시스템반도체 수요처별 연평균선장률은 자동차 14.5%, 서버 및 저장장치 13.1%, 산업용 10% 분야에서 크게 성장할 것으로 전망된다.

---

40) 반도체 장비·소재산업 동향 , 이슈보고서, 한국수출입은행

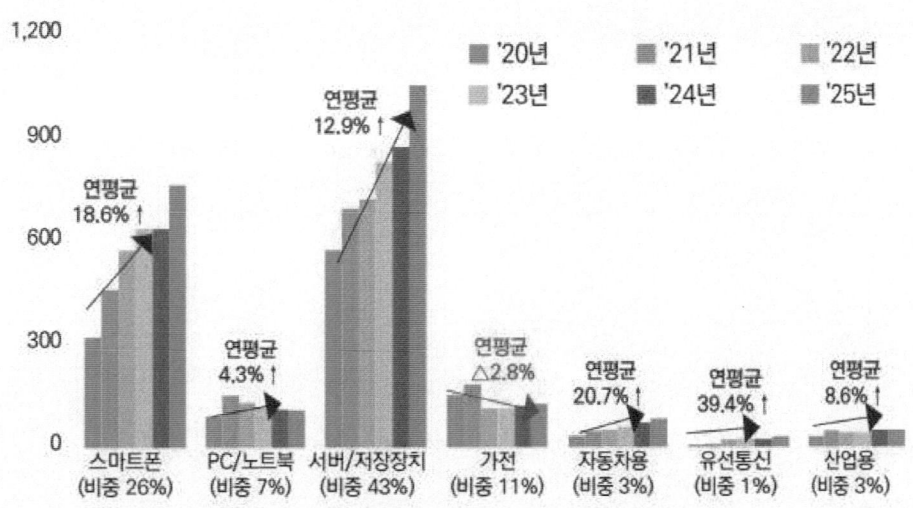

[그림 63] 메모리반도체 시장 전망(억 달러, %)

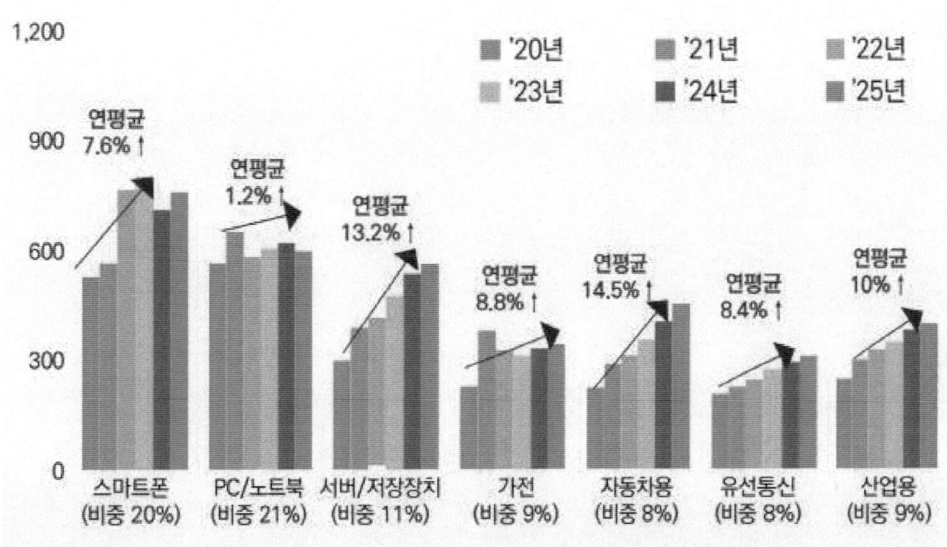

[그림 64] 시스템반도체 시장 전망(억 달러, %)

국내 DRAM 기술력은 중국보다 5년, 낸드 플래시는 2년 이상 앞선 경쟁 우위를 확보하고 있다. DRAM의 경우 국내는 2021년 4세대 D램 양산을 추진하는 반면, 중국은 2020년 2세대 DRAM 양산을 추진하였으며, 낸드 플래시의 경우 국내는 2019년 128단 3D 낸드플래시를 양산한 반면, 중국은 2021년 상반기에 양산을 시작하여 아직 수율 등 문제점을 가지고 있다.

한국의 경우 메모리 등 미세공정 제조 기술 분야 는 미국, 일본을 앞서고 있으나 기반 기술에 해당하는 장비·부품 기술은 아직 미흡한 상황이다. 초고집적 반도체 공정 및 장비·소재 분야의 최고기술국 대비 기술 수준은 90%, 기술격차는 1.5년으로 평가

되고 있으며 2018년 대비 2020년 상대적 기술 수준은 4% 감소, 기술격차는 1.0년에서 1.5년으로 0.5년 격차가 증가한 상태이다.

구분	한국		미국		일본		유럽		중국	
	상대수준	격차기간	상대수준	격차기간	상대수준	격차기간	상대수준	격차기간	상대수준	격차기간
2020년	90%	1.5년	100%	0.0년	95%	1.0년	95%	1.0년	80%	3.0년
2018년	94%	1.0년	100%	0.0년	95%	1.0년	95%	1.0년	75%	3.0년

〈제1차 수소경제 이행 기본계획(2021.11.26)〉

[그림 65] 반도체 공정장비 분야 국가 경쟁력

전 공정 장비 중 증착 일부 세정·열처리 장비는 경쟁 가능한 수준이나, 노광장비, 이온주입 장비 및 측정 장비는 기술 기반이 매우 취약하다. 후공정 장비 중 조립 장비는 경쟁 가능한 수준으로 평가되나,테스트 장비는 여전히 취약한 상황이다. 계측/검사장비는 최근 정부의 지원을 바탕으로 국산화 개발이시도되고 있으나, 기반 기술이 취약하여 선진업체와의 기술 간극이 매우 큰 상황이다.

반도체 소재의 경우 전 공정 소재(실리콘 웨이퍼,가스, 포토마스크 등)가 시장 규모의 약 60%를 차지하며, 최신기술 도입(EUV 노광 등)에 따라 전 공정소재(리드프레임, 인쇄회로기판 등)의 성장률이 후공정 소재보다 높을 것으로 예상된다. 전 공정 소재(46%) 대비 후공정 소재(56%)의 국산화율이 상대적으로 높은 편이다.

공정 단계		해외기업	국내기업	국내기술 수준	국산화
전공정	노광	ASML, 니콘, 캐논	세메스	10%	0%
	식각(Etch)	Lam Research, TEL, AMAT	세메스, APTC	25%	50%
	세정	TEL, DNS	세메스, PSK, KC-Tech	85%	65%
	평판(CMP)	AMAT	KC-Tech	75%	60%
	이온주입	AMAT, Axcelis		20%	0%
	증착(CVD)	AMAT, TEL	JEL, W-IPS, 유진테크, 테스	90%	65%
	열처리	AMAT, TEL	W-IPS, AP시스템	90%	70%
	측정·분석	KLA-Tencor, AMAT	오로스테크놀로지, SFA	35%	30%
후공정	패키지	테스코, 히타치하이텍, ASM Pacific	세메스 한미반도체, 이오테크닉스	90%	60%
	테스트	Advantest, Teradyne	엑시콘, 유니테스트	80%	60%

〈한국산업기술평가원, 미국, 유럽, 일본 대비 국내기술 수준(2019.2)〉

[그림 66] 반도체 주요 공정장비 제조사 및 기술 수준·국산화율

1) D램

2023년 D램 시장 규모가 지난해 대비 반토막 날 것이란 전망이 나왔다. 2019년 D 램 시장 규모는 전년 대비 37% 감소한 바 있지만 아무리 침체기라도 절반 수준으로 감소하는 경우는 찾아보기 어렵다.

시장조사업체 옴디아는 최근 발표한 '예비(Preliminary) 시장조사 자료'를 통해 올해 D램 시장 규모를 기존 발표한 595억8200만 달러에서 416억8400만 달러로 하향 조정했다. 이는 2016년(415억100만 달러) 이후 7년 만에 가장 작은 규모다.

비트그로스(비트 단위의 생산량 증가율)는 지난해(1961억 비트) 대비 8.6% 증가한 2129억 비트를 기록할 전망이다. 문제는 가격 하락이다. 옴디아는 올해 D램 1Gb(기가비트) 당 평균판매단가(ASP)의 경우 전년 대비 51.6% 감소한 0.2달러를 기록할 것으로 내다봤다.

ASP가 대폭 감소하면서 D램 시장 규모 자체가 크게 줄어들 전망이다. 옴디아는 올해 D램 시장 규모가 지난해(793억3400만 달러) 반토막 수준(-47.5%)으로 감소할 것으로 예상했다.

옴디아가 D램 시장 규모를 조사하기 시작한 2004년 이후 D램 시장 규모가 전년 대비 10% 이상 감소한 적은 총 5차례다. 글로벌 금융위기를 겪은 2008년(-25.1%), 2011년(-25.5%), 2012년(-10.8%), 2019년(-37.1%), 2022년(-15.7%) 등이다. 여러 위기 속에서도 D램 시장 규모가 전년 대비 40% 이상 감소한 적은 단 한 차례도 없었다. 사상 초유의 상황에 직면했다고 해도 과언이 아니다.

옴디아가 기존 전망(약 -30%)보다 D램 시장 규모가 더 축소될 것이라 내다본 것은 여러 가정에 기반을 뒀다. 우선 1분기 기간 동안 D램 업체들이 가격 방어보다 재고 소진에 중점을 두고 있다는 점을 반영했다. 또 수요 반등 조짐이 나타나지 않아 가격 하락세가 올해 말까지 지속될 것이란 추정 하에 이 같은 추정치를 발표했다.

최근 D램 시장 침체 요인은 여러 가지다. 우선 코로나19 이후 IT 수요가 급감했다. 시장 변곡점에서 D램 공급업체들은 역대 최대 규모로 투자를 집행하면서 이에 따른 초과 재고가 발생한 것도 주요 요인이다. 거시 경제 둔화와 함께 세계 각국의 긴축 정책 역시 D램 시장에 큰 영향을 줬다.

국 D램 시장 반등을 위해선 이 같은 요인이 해소돼야 하지만 아직까진 그럴 조짐이 보이질 않는다. 일각에서 제기하는 챗GPT를 비롯한 AI 수요 증가 역시 영향이 제한

적일 전망이다. AI 수요는 전체 5% 비중을 차지하는 HPC(고성능 컴퓨팅) 용 일부 수요에만 기여하고 있기 때문이다.

 지난해 역대급 규모 투자 여파로 쌓인 초과 재고는 여전히 증가하고 있지만 제한된 수요로 인해 극단적인 감산 없이는 재고 소진이 어려울 것이다. 올해 하반기 D램 시장에서 가장 중요한 요인은 긴축 정책 변화와 공급자 감산으로 두 요인에 큰 변화가 있으면 D램 반등을 기대할 수 있다.[41]

글로벌 D램 시장 규모 변화(단위 : 달러, 자료 : 옴디아)		
구분	시장 규모	전년 대비 성장률
2004년	264억5300만	52.9%
2005년	251억1500만	-5.1%
2006년	339억4700만	35.2%
2007년	314억7500만	-7.3%
2008년	235억8200만	-25.1%
2009년	227억1200만	-3.7%
2010년	396억7600만	74.7%
2011년	295억6800만	-25.5%
2012년	263억8700만	-10.8%
2013년	350억1500만	32.7%
2014년	462억4600만	32.1%
2015년	451억	-2.5%
2016년	415억100만	-8.0%
2017년	735억1500만	77.1%
2018년	989억3700만	34.6%
2019년	621억8400만	-37.1%
2020년	663억8100만	6.7%
2021년	940억9500만	41.7%
2022년	793억3400만	-15.7%
2023년(추정)	416억8400만	-47.5%

[그림 67] 글로벌 D램 시장규모 변화

---

41) 반등은 없다!!...옴디아, "올해 D램 시장 반토막 난다"/디일렉

2) 낸드플래시

낸드플래시 시장은 2022년 604억 달러에서 2025년 843억 달러로 연평균 11.7% 성장이 전망된다.

시장조사업체 옴디아는 최근 발표한 보고서에서 2023년 글로벌 낸드플래시 시장 규모가 585억1300만 달러로 D램 시장(595억8200만 달러)과 비슷할 것으로 전망했다.

올해만 하더라도 낸드플래시 시장 규모는 604억900만 달러로 D램 시장(817억1400만 달러)과 비교해 30% 이상 적었다. 특히 2025년이 되면 낸드플래시 시장 규모는 843억7800만 달러로 D램 시장(833억9700만 달러)을 처음으로 넘어설 것이란 분석이다.

낸드플래시와 D램은 데이터를 저장하는 장치라는 점에선 동일하다. 하지만 D램은 처리 속도가 빠르지만 상대적으로 용량이 적고 컴퓨터 전원이 꺼지면 저장됐던 데이터가 모두 휘발된다. 낸드플래시는 D램보다 느리지만 한 번에 저장가능한 용량이 크고 데이터가 휘발되지도 않는다. 이런 특성 차이에 따라 D램은 PC 작업을 임시 저장할 때 쓰이며, 낸드플래시는 솔리드스테이트드라이브(SSD), USB 장치 등 영구 데이터 저장 수단의 부품으로 사용된다.

2022년 하반기부터 메모리 반도체 시장은 극심한 침체기에 접어들었다. 그럼에도 낸드플래시는 D램과 비교해 상대적으로 가격 방어가 어느 정도 유지된다는 평가를 받는다. 때문에 옴디아는 D램 시장 규모는 올해 대비 내년 30% 이상 감소하는 반면, 낸드플래시의 경우 내년에도 올해와 비슷한 규모를 유지할 것으로 전망했다.

낸드플래시 시장 성장세가 D램 대비 가파르다는 점도 낸드 시장 전망을 밝게 보는 이유 중 하나다. 데이터센터, 인공지능(AI)는 물론 자동차까지 낸드 사용처가 확대되고 있다. 최근 자동차에 들어가는 메모리 탑재량과 사양이 높아지고 있다.

낸드플래시가 주로 쓰이는 SSD(솔리드스테이트드라이브)의 고밀도·고성능화 또한 빼놓을 수 없는 요소다. 클라우드·엔터프라이즈(서버)부터 자동차 등 새로운 분야에서 낸드 수요가 많다. D램과 달리 낸드플래시의 경우 시장 침체기에도 가격 방어가 어느 정도 가능할 것이다.[42]

2022년 하반기 낸드플래시 점유율 1위는 삼성전자가 차지했다. 삼성전자는 3분기에 43억 달러의 매출을 올려 31.4%의 점유율로 1위를 유지했다. 다만 3분기 점유율은 2분기(33%) 대비 소폭 줄었다.

---

42) 2023년 낸드 시장 규모 D램과 비슷해진다…2025년엔 역전/디일렉

구분	2022년 3분기	2022년 2분기
삼성전자	31.4%	33.0%
SK그룹	18.5%	19.9%
키옥시아	20.6%	15.6%
웨스턴디지털	12.6%	13.2%
마이크론	12.3%	12.6%

<출처 : 트렌드포스>

[그림 68] 낸드플래시 점유율 변화

2, 3위 자리는 바뀌었다. SK그룹(SK하이닉스+솔리다임)은 3분기 낸드플래시 매출 25억3930만 달러(솔리다임 포함)로 18.5% 점유율을 기록했다. 2분기 대비 무려 29.8% 감소하며 2위 자리를 일본 키옥시아에게 뺏겼다.

SK그룹은 PC와 스마트폰 수요 악화와 함께 서버 수요 급감 등의 영향을 받아 출하량은 11.1% 감소했다. ASP는 무려 20% 이상 급감했다. 전반적으로 점유율이 크게 감소하면서 SK하이닉스의 솔리다임 인수 효과가 완전히 사라지고 있다는 분석도 나온다.

키옥시아는 28억2990만 달러의 매출을 거둬 20.6%의 점유율로 2위 자리를 탈환했다. 키옥시아는 지난 2분기 대비 매출 감소폭이 불과 0.1%로 20% 이상 감소한 다른 기업에 비해 선방했다.

트렌드포스 측은 "키옥시아는 올해 초 발생한 팹 내 오염사고에서 점진적으로 회복하면서 매출과 시장점유율을 회복했다"며 "소비자 가전 수요 부진으로 ASP는 하락했지만 비트 출하량은 전분기 대비 23.5% 증가했다"고 설명했다.

SK하이닉스의 뒤를 이어 4위는 웨스턴디지털(12.6%), 5위는 마이크론(12.3%)이 차지했다. 마이크론의 경우 자동차 메모리 솔루션 매출은 증가했지만 데이터센터용 낸드플래시 등 다른 부문 매출은 큰 폭으로 감소했다.

4분기에도 낸드플래시 시장은 계속 침체될 것으로 예상된다. 낸드플래시 업체들은 일부 공급량을 조절할 것으로 예상되지만 세트업체들의 재고량은 여전히 쌓여 있어서다. 연말 성수기 효과도 미미한 상황이어서 주요 업체의 감산이 시장에 미치는 영향은 제한적일 것이란 게 트렌드포스 분석이다.[43]

---

43) 3분기 낸드 시장점유율, SK하이닉스 3위로 한계단 하락/디일렉

3) 시스템반도체 및 파운드리

Figure: Global Foundry Revenue, 2019~2023 (Unit: US$ Million)

Source: TrendForce, Jan. 2023 ■ Revenue — YoY

[그림 69] 글로벌 파운드리 매출 추이

경기 침체로 반도체 산업 전반에 불황 위기가 닥친 가운데, 상대적으로 안정적이던 파운드리(반도체 위탁생산) 산업도 매출 성장세가 꺾일 것이라는 전망이 나왔다.

시장조사업체 트렌드포스는 2023년 전 세계 파운드리 매출이 전년보다 4% 감소할 것으로 예측했다. 파운드리 산업 매출은 2020년 24.0%, 2021년 26.1%, 지난해 28.1% 등 두 자릿수 이상 성장률을 보이다, 4년 만에 역성장할 전망이다.

트렌드포스는 "성숙 공정과 선단 공정 등 모든 종류의 수요가 지속 감소하고 있다"면서 "파운드리 가동률 회복은 고객 재고 수준뿐 아니라 공급망 전반에 걸쳐 지리적 재편성에 영향을 받고 있다"고 밝혔다. 산업 수요 회복이 예상보다 빠르지 않을 것이라는 설명이다. 반면 각국의 반도체 '자국 우선주의'로, 생산공장 보조금 지급이 확대되면서 신규 공장 건설 붐이 일고 있다.

트렌드포스에 따르면 최근 몇 년간 총 20개 이상의 신규 공장 건설 프로젝트가 진행되고 있다. 지역별로 보면 대만 5개, 미국 5개, 중국 6개, 유럽 4개, 한국·일본·싱가포르 4개다. 파운드리 기업간 경쟁이 더욱더 치열해질 전망이다. 트렌드포스는 "파운드리는 상업적 이익과 비용 구조 외에도 특정 국가의 보조금 정책과 현지 콘텐츠에 대한 고객의 요구를 더 많이 고려해야 한다"면서 "다양한 제품과 효과적인 가격 책정 전략이 파운드리의 성공적인 운영을 위한 핵심 요소"라고 밝혔다.44)

마. 차세대 반도체 시장 동향
1) AI 반도체[45]

OMDIA에서 조사한 자료에 따르면, 2020년 전체 반도체 시장의 규모는 4,662억 달러로 반도체시장 점유율은 58.4%가 시스템 반도체, 26.7%가 메모리 반도체, 14.9%를 광/개별소자가 이루고 있다. 이렇게 반도체 시장은 제품 특성 별로 분할이 되어있지만, 인공지능 반도체의 등장으로 명확한 분할은 앞으로 어려워졌다. 인공지능 반도체의 성장은 향후 10년간 6배 성장, 전체 시스템 반도체 시장의 약 1/3을 차지할 것으로 보인다.

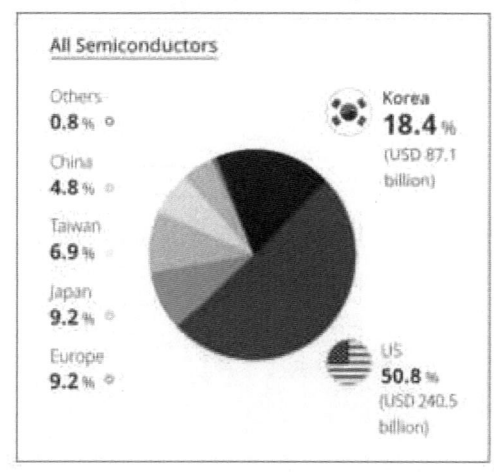
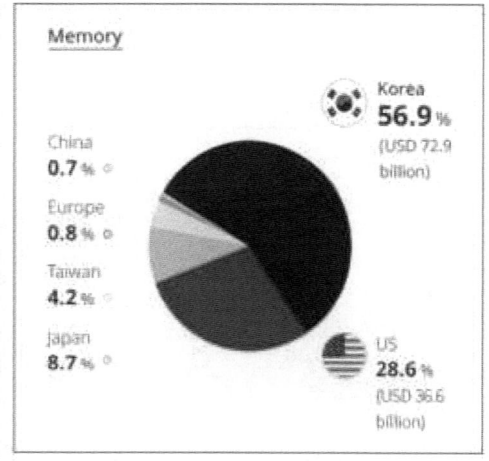

출처 : OMDIA

[그림 70] 반도체 산업 내 국가별 비율 (좌), 메모리 반도체 산업 내 국가별 비율 (우)

현재 유지되는 시스템 반도체 산업의 수요 전망이 결국 AI 산업 전망으로 귀결되는 것을 알 수 있다. AI가 정립되기 시작한 1956년부터 딥러닝에 대한 알고리즘이 등장하기까지 50년 이상이 소요되었지만, 그 이후 인공지능의 발전은 매우 급격한 속도로 빨라졌다. 결국 인공지능의 적용 뿐만 아니라, 인프라에 대한 확충으로 AI 반도체의 발전은 기하급수적으로 가속화 될 것이다.

---

44) "전 세계 파운드리 매출, 4년 만에 감소 전망…전년비 4%↓"/뉴시스
45) 인공지능(반도체), 나영식, 조재혁, KISTEP 기술동향브리프,

Deep Learning Chipset Revenue by Type, World Markets: 2016-2025

출처 : Tractica

[그림 71] 반도체 유형별 매출 추이

AI반도체 시장은 연평균 복합 성장률(CAGR) 42.3%로 성장해 2026년 709억 달러 (약 92조 8,081억 원)에 이를 것으로 전망된다.

AI 반도체 시장의 성장은 이미지 및 음성 인식, 자연어 처리 및 자율주행차와 같은 AI 기반 애플리케이션에 대한 수요 증가와 빅 데이터의 증가, 클라우드 컴퓨팅의 채택이 증가함에 따라 AI 반도체에 대한 수요가 증가할 것이다.

아시아 태평양 지역은 중국, 일본, 한국 등 주요 반도체 제조업체의 진출에 힘입어 AI 반도체 시장에서 가장 큰 점유율을 차지할 것이며, 북미 역시 주요 기술 기업들의 존재와 연구개발에 대한 강한 집중으로 AI 반도체 시장이 크게 성장할 것으로 보인다. 전반적으로 AI 반도체 시장은 AI 기반 애플리케이션에 대한 수요 증가와 AI 기술의 지속적인 발전으로 인해 향후 몇 년간 상당한 성장을 이룰 것으로 전망된다.

인텔(Intel), 삼성(Samsung), 브로드컴(Broadcom), 퀄컴(Qualcomm) 등 반도체 선도 기업들은 AI반도체 개발에 막대한 투자를 진행하고 있으며, 이 외에도 어드밴스드 마이크로 디바이시스(AMD)와 엔비디아(NVIDIA)의 인수합병을 통해 영향력을 확대하고 있다. 애플(Apple), 구글(Google)과 같은 빅테크 기업 또한 AI 개발을 위해 AI반도체 분야에서의 혁신을 모색하고 있다.[46)]

---

46) 품목별 ICT 시장동향, AI반도체/정보통신산업진흥원

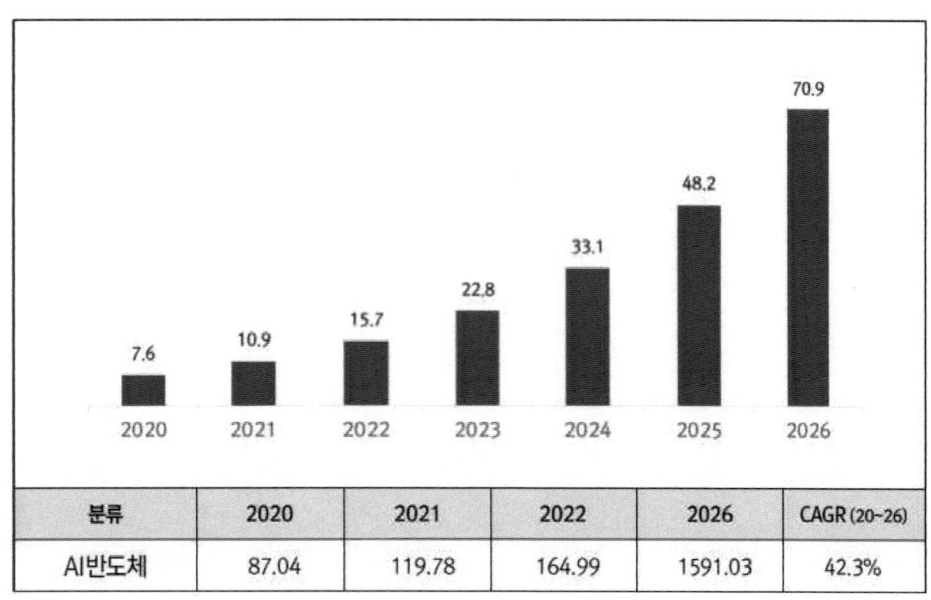

분류	2020	2021	2022	2026	CAGR (20~26)
AI반도체	87.04	119.78	164.99	1591.03	42.3%

출처 : Statista

[그림 72] AI 반도체 시장 규모 전망 (단위:십억 달러)

글로벌 반도체 시장의 불확실성이 지속되는 가운데 AI 반도체 시장의 빠른 성장성은 기존에 반도체를 만드는 선도 기업뿐만 아니라 IT플랫폼 기업 및 스타트업 등 후발주자들에게 새로운 기회의 창을 제공할 수 있다..

제 3세대 차세대 반도체뉴로모픽 반도체는 현재 상용화 이전 단계이나 2020년 23억 달러에서 2023년 44억달러, 2027년 1004억 달러로 연평균 24.2% 증가할 것으로 전망된다.

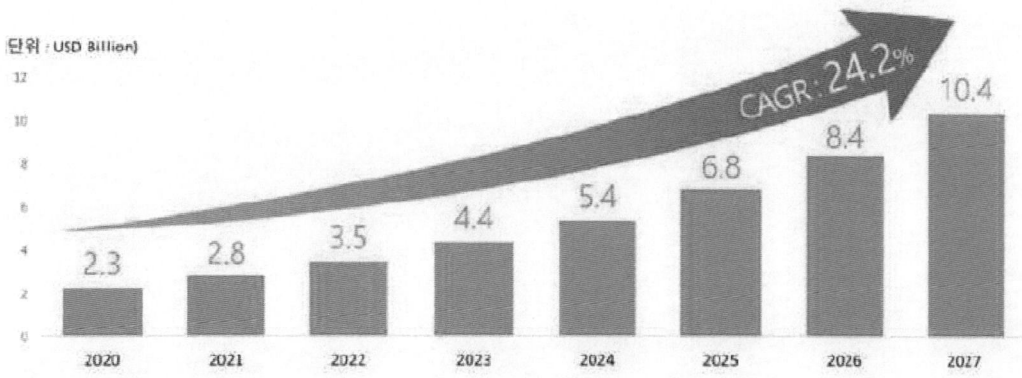

* 출처 : Research & markets 재구성(IITP(2021a)에서 재인용)

[그림 73] 뉴모로픽 반도체 시장 전망

AI 반도체 시장은 성장 속도가 빨라, 앞으로 5~10년 후에는 인공지능 반도체 시장이 메모리 반도체나 CPU 등 마이크로프로세서에 버금가는 시장으로 성장할 전망이다.

AI 반도체는 융복합화·스마트화를 주도하는 지능형 산업의 핵심 기반 기술로서 수요가 지속적으로 증가할 것으로 전망된다. AI을 활용한 주요 산업의 변화 추세는 2016년을 기점으로 급성장하였으며, 금융 및 소비, 헬스케어, 자동차 등 인공지능의 산업적 적용이 확대되고 있는 상황에서 인공지능 구현을 위한 핵심 기반기술인 인공지능 반도체의 시장도 점차 확대될 전망이다.

인공지능 반도체는 시장 초기에는 데이터센터 서버에서 주로 사용되다가 점차 엣지 디바이스용으로 무게 중심이 옮겨가고, 학습용에서 추론용으로 비중이 점차 변화될 것으로 전망된다.

Gartner는 스마트폰 등에 인공지능 연산용 반도체(AP)가 탑재되고, ASIC의 1/5 이상이 인공지능 연산 기능을 갖출 것으로 전망함으로써 엣지 디바이스용 인공지능 반도체 시장의 성장성을 매우 높게 평가했다. 이로 인해 전체 인공지능 반도체 시장에서 엣지 디바이스용 인공지능 반도체 시장 비중은 25%에서 72%까지 급격하게 높아질 것으로 전망된다.

엣지 디바이스에 대한 산업 수요가 증가함에 따라 데이터센터 중심의 학습용 시장의 비중은 87%에서 43%로 축소되는 반면, 추론용 시장의 비중은 13%에서 57%로 점차 비중이 확대되는 경향을 보일 전망이다.

차세대 AI 반도체인 범용 GPU의 과소비전력 및 비효율적 연산의 한계를 극복하기 위한 NPU, PIM9, 뉴로모픽 반도체로의 기술혁신이 진행 중이며 범용 GPU를 이용하여 인공지능을 구현하는 기존의 방식은 대규모.대용량 연산에 비효율적이며 과다한 에너지 소비가 발생했는데 저전력·저전압의 CMOS 로직 및 메모리를 활용하여 기존의 컴퓨팅 방식인 폰 노이만 방식을 최적화한 NPU가 개발되고 있다.

그동안 범용 GPU를 활용하던 AI 프로세서 시장에서 구글이 자사의 데이터센터에 적합한 TPU(Tensor Processing Unit)라는 AI 전용 프로세서(NPU)를 개발하면서, 이를 계기로 글로벌 AI 기업들은 자사의 제품/서비스에 최적화된 NPU 개발을 진행하고 있는 상황이며 메모리와 프로세서를 통합하는 새로운 패러다임의 반도체 설계 방식인 PIM 기술도 개발이 진행되고 있다.

서버용 수백테라급 NPU가 머지않아 서버용 AI 반도체의 주류로 활용될 것으로 예상되며, 장기적으로 뉴로모픽 반도체가 도입될 전망이고 엣지용 GPU와 FPGA가 추론

용으로 주를 이루고 있으나 단기적으로(2nd Wave) NPU가 대세를 이루면서 장기적으로는(3rd Wave) 추론과 학습이 통합되면서 뉴로모픽 및 PIM으로 대체될 전망이다.

AI 반도체 시장규모는 2020년에 184억 달러에서 2030년에는 1.179억 달러 시장으로 획기적으로 확대될 전망이며 AI 반도체가 시스템 반도체 시장에서 차지하는 비중도 2020년에 8%에서 2030년에는 약 31% 수준으로 확대될 전망이다.

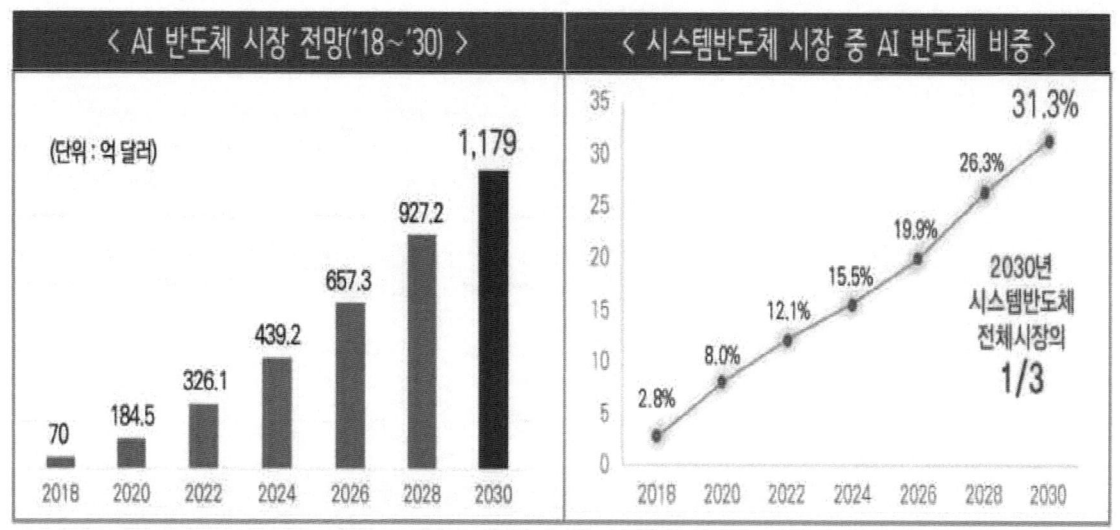

* 출처 : 관계부처 합동(2020), 인공지능 반도체 산업 발전전략 재인용 (Gartner 2020, '24년 이후는 KISDI 전망)

[그림 74] AI 반도체 시장규모 및 시스템 반도체 시장에서의 비중

현재 AI 반도체 시장은 시스템 반도체 시장에서 새로운 시장을 창출하면서, 데이터센터용과 엣지 디바이스용으로 시장이 세분화되어 경쟁 중에 있다. AI 반도체는 기존 시스템 반도체 생태계(반도체 설계 및 제조)와 AI 생태계(AI 제품 및 서비스 제공)가 융합된 새로운 시장을 창출하며 영역을 확대 중이다.

또한 데이터센터용 CPU+GPU를 기반으로 한 엔비디아 및 인텔이 시장 주도하고 있으며, 특히 4대 클라우드에 사용되는 AI 가속기의 97%를 엔비디아가 점유하고 있다. 엣지 디바이스용으로 현재 대표적으로 적용되고 있는 분야는 스마트폰과 자율주행차용 AI 반도체로서, 구글, 퀄컴, 테슬라 등이 주도하고 있다.

2) 전력반도체

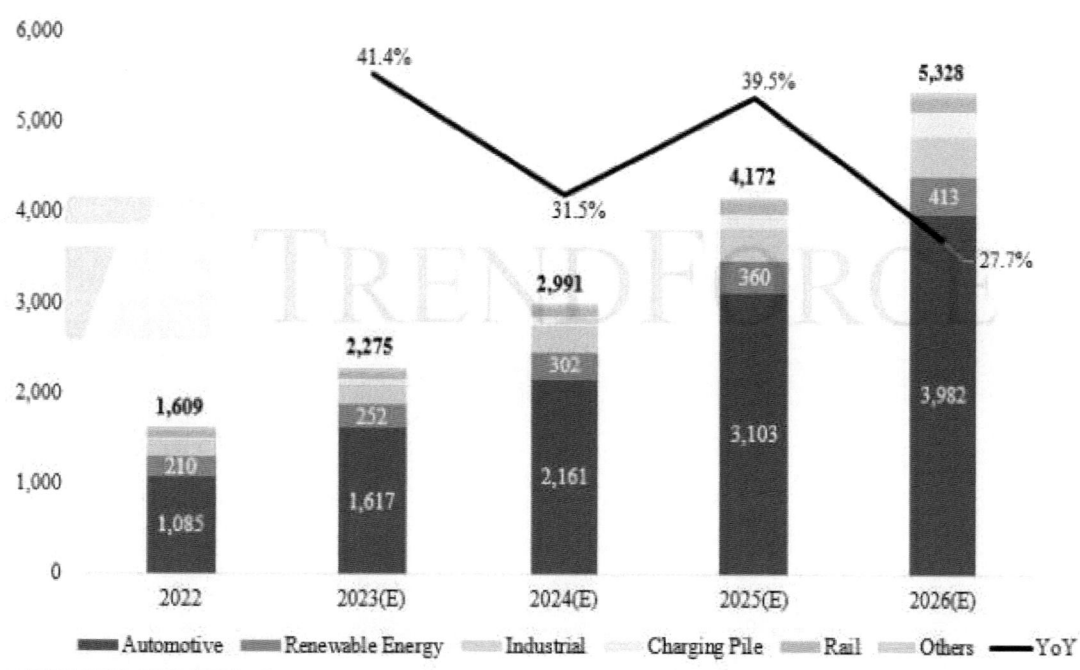

Figure: Projection on Value of Global Market for SiC Power Devices (Unit: US$ Million)

Source: TrendForce, Mar. 2023

출처 : 트렌드포스

[그림 75] SiC 전력반도체 글로벌 시장 전망

차세대 전력반도체로 주목받는 SiC(실리콘카바이드) 시장이 반도체 업황 부진 속에서도 40%가 넘는 고성장을 기록할 것이란 전망이 나왔다. 향후 3년간 성장률도 평균 30%대에 육박한다. 전기차, 재생에너지 등의 분야에서 SiC 전력반도체에 대한 수요가 증가하고, 주요 업체들도 관련 기술개발 및 투자에 적극 나선 데 따른 영향이다.

시장조사업체 트렌드포스에 따르면 전세계 SiC 전력반도체 시장은 올해 22억7500만 달러(약 2조9000억원)로 전년 대비 41.4% 성장할 것으로 예상했다. SiC는 기존 반도체 소재인 실리콘(Si) 대비 고온 내구성, 전력 효율성 등이 뛰어난 차세대 화합물반도체 소재다. 이 같은 장점 덕분에 자동차, 에너지, 산업 시스템, 통신 인프라 등 여러 분야에서 수요가 증가하고 있다.

이에 따라 SiC 전력반도체 시장 규모는 지난해 16억900만 달러에서 올해 22억7500만 달러로 41.4% 성장할 전망이다. 또한 향후 3년간에도 30%대의 높은 성장률을 유지해, 오는 2026에는 시장 규모가 53억2800만 달러에 이를 것으로 관측된다. 올해 전망치 대비 2배에 달하는 수준이다.

SiC 전력반도체 시장의 성장을 가장 크게 견인할 분야로는 전기자동차와 재생에너지가 꼽힌다. 전기차에 사용되는 SiC 전력반도체 시장 규모는 지난해 10억9000만 달러로, 전체 시장에서 3분의 2에 달하는 비중을 차지한 것으로 나타났다. 재생에너지와 관련된 SiC 전력반도체 시장 규모는 같은해 2억1000만 달러로 약 13.1%의 비중을 차지했다.

ST마이크로일렉트로닉스, 온세미컨덕터, 울프스피드, 인피니언, 로옴 등 주요 SiC 전력반도체 업체들은 해당 분야에서 활발한 성과를 거두고 있다. 온세미컨덕터는 최근 폭스바겐의 차세대 전기차에 SiC 모듈 및 트랜지스터 제품을 공급하기 위한 전략적 계약을 체결했다. 또한 비슷한 시기 현대차그룹에도 SiC 모듈을 공급하기로 했다.

울프스피드는 올해 초 메르세데스-벤츠의 여러 전기차 라인에 탑재될 차세대 파워트레인 시스템에 SiC 제품을 공급하는 계약을 체결했다. 인피니언은 지난해 하반기 대만 산업용 전력시스템 전문업체 델타 일렉트로닉스와의 협업 소식을 알렸다. 해당 협업을 통해 인피니언은 델타의 인버터 제품에 고전압 SiC 제품군을 공급하기로 했다.

SiC 전력반도체가 기존 6인치에서 8인치 웨이퍼 기반으로 변화하려는 움직임도 시장 활성화의 긍정적 요소다. SiC 웨이퍼는 기존 대비 높은 기술적 난이도로 아직 6인치 웨이퍼가 주류를 차지하고 있다. 웨이퍼 직경이 커지면 생산 효율성이 높아지기 때문에, 업계는 8인치 SiC에 대한 R&D 및 투자에 적극 나서는 중이다.

트렌드포스는 'SiC 웨이퍼 시장에서 60% 이상의 점유율을 차지하는 울프스피드는 현재 8인치 SiC 웨이퍼 생산 팹을 보유하고 잇으며, 독일에 추가 팹을 건설할 계획이라며 '레조낙(구 쇼와덴코)도 향후 인피니언의 8인치 SiC 전환을 지원하는 계약을 체결했다'고 설명했다.

국내 SiC 관련 업체들도 8인치 SiC 반도체 시장 진출을 준비 중이다. SK실트론과 쎄닉은 2024년 하반기 양산을 목표로 8인치 SiC 웨이퍼를 개발하고 있다. DB하이텍은 2026년까지 8인치 SiC 공정 개발을 완료하고, 이르면 2028년부터 양산을 위한 투자를 진행할 계획이다.[47)]

---

47) SiC 전력반도체 시장 올해 '40%' 高성장…전기차가 주도/디일렉

3) 차량용 반도체[48]

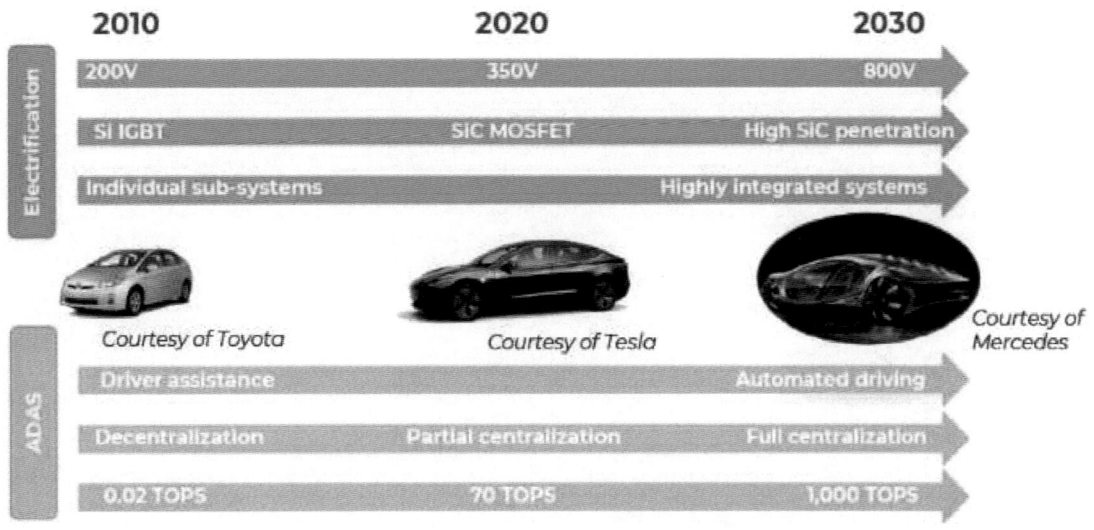

[그림 76] 자동차 전동화와 첨단운전자보조시스템(ADAS) 주요 트렌드

5년 뒤 자동차 반도체 시장이 지난해 대비 두 배 가까이 커질 것이란 전망이 나왔다. 자동차 전동화 속도가 빨라지고 전기차가 확산되면서 차량에 탑재되는 반도체 수도 증가하기 때문이다. 자동차 각종 기능을 제어하는 프로세서와 데이터를 저장하는 메모리 성장세가 가파를 것으로 예상된다.

시장조사업체 욜인텔리전스에 따르면 2027년 차량용 반도체 시장은 연평균 11.1% 성장, 807억달러(약 105조원)에 달할 것으로 전망했다. 2021년 440억달러와 견줘 두 배 가까이 성장한 규모다. 자동차에 탑재되는 반도체 칩 수도 820개 안팎에서 5년 뒤 1100여개로 늘어날 것으로 보인다. 자동차 한 대에 들어가는 반도체 칩 가격도 현재 550달러에서 912달러로 증가할 것으로 예상된다.

차량용 반도체 성장은 전기차가 확산되면서 자동차 운용 핵심 요소로 반도체가 급부상했기 때문이다. 기존 내연기관 차량에서도 빠른 전동화가 이뤄지면서 반도체 수요가 늘었다. 차량 제어뿐 아니라 인포테인먼트 등 기능 고도화를 위해 반도체 활용도가 커지고 있다. 또 자율주행 등 데이터 처리가 늘면서 이를 저장할 메모리 수요도 함께 커지고 있다.

---

48) 차량용 반도체 기술 및 국내 발전 전략, KEIT PD Issue Report

반도체 품목별로는 전력 반도체가 가장 큰 비중을 차지한다. 현재 전체 차량용 반도체 가운데 31% 이상인 138억달러가 전력 반도체다. 2027년에도 전력 반도체 시장이 211억달러로 가장 큰 시장 비중을 차지할 것으로 예상되며, 차량용 전력 반도체는 실리콘 기반이 대세를 이루지만 실리콘카바이드(SiC) 등 화합물 반도체 성장이 매우 가파를 것으로 전망된다. 2027년 차량용 SiC 반도체 웨이퍼 생산량은 113만장으로 실리콘(3050만장)보다 적지만 갈륨비소(GaAS) 등 다른 화합물 반도체 대비 성장폭이 크다는 것이 욜인텔리전스 분석이다.

5년 동안 가장 빠른 성장세를 보이는 건 메모리 반도체다. 연평균 23.7% 성장으로 성장률만 따지면 차량용 반도체 품목 중 1위다. 자율주행 시스템 수요로 인한 성장으로 레벨 4~5단계에서 필요한 D램이 대폭 증가할 것이기 때문이다. 2027년 차량용 메모리 반도체 시장 규모는 137억달러로 전력 반도체에 이어 두 번째로 크다. 현재 D램 시장에서 차량용 반도체 비중은 미미하지만 앞으로 서버·모바일·PC와 함께 주요 시장으로 부상할 가능성이 높다. 프로세서 시장도 연평균 17.2%의 고속 성장이 예상된다.

욜인텔리전스는 반도체 시장 성장과 함께 완성차 업체의 소재·부품 공급망 수직 계열화가 가속화될 것으로 내다봤다. 경쟁 우위를 차지하기 위해 합작 투자, 인수합병(M&A), 투자·매각이 활발히 이뤄질 것이다.[49]

---

49) 5년뒤 차량용 반도체 시장 두배 커진다/전자신문

	2021년	2027년	연평균성장률
전체	440	807	11.1%
전력반도체	138	211	8.8%
메모리	41	137	23.7%
마이크로컨트롤러(MCU)	64	107	7.7%
프로세서	39	100	17.2%
포토닉스	36	61	8.9%
주문형반도체(ASIC)	27	44	8.7%
아날로그	28	39	5.5%
이미지센서	17	32	10.3%
MEMS	24	29	2.8%
기타센서	15	25	9.7%
무선통신(RF)	9	19	11.6%

자료: 욜인텔리전스

[그림 77] 차량용 반도체 품목별 시장 규모 전망 (단위:억 달러)

최근 반도체 한파로 인해 대부분의 반도체 기업들이 시설 투자 축소에 나섰지만, 글로벌 차량용 반도체 기업들은 대규모 투자를 연일 발표하고 있다. 자동차의 전동화 경향 등으로 증가하는 차량용 반도체 수요에 대응하기 위해서다.

2023년 2월 17일 업계에 따르면 글로벌 차량용 반도체 1위 인피니언과 4위 텍사스인스트루먼트(TI)가 대규모 투자 계획을 16일(현지시간) 발표했다. 인피니언은 독일 드레스덴에 50억 유로(6조9300억원), TI는 미국 유타주에 110억 달러(14조2300억원) 규모 투자를 진행한다. 두 기업은 해당 팹을 통해 차량 및 아날로그 반도체 생산에 나설 계획이다.[50]

---

50) "우리에겐 불황이 없다"...글로벌 차량용 반도체 기업들, 대규모 투자 집행/디일렉

2022년 글로벌 파운드리 시장은 가격 인상, 생산능력 확대등으로 전년 대비 28% 성장한 1,382억 달러로 추정된다. 파운드리는 지난 2년간 호황을 누렸으나 인플레이션 등으로 인한 IT기기 수요감소 등으로 2022년 하반기부터 8인치 웨이퍼와 성숙 공정 팹 중심으로 가동률이 하락되었다.

8인치 팹 가동률은 지난 2년간 100%였으나 2022년 하반기부터 90~95%로 하락, 2023년 파운드리 시장은 주문 감소 등에도 불구하고 최신 공정 수요증가 등으로 전년 수준을 유지하나 예상보다 경제상황 악화시 소폭 역성장할 전망이다. 파운드리 수요의 50% 이상을 차지하는 모바일, HPC(High Performance Computing) 수요 감소, 반도체 재고조정 등으로 2023년 상반기 가동률 하락할 것으로 보인다.

TSMC는 7나노 이하 공정의 한 자릿수 가격인상을 추진하며, 다수 파운드리는 가격 동결 또는 인하를 통해 매출 하락을 방지할 계이다. TSMC의 2022년 3분기 매출은 7나노 이하가 54%를 창출하며, 5나노가 매출 비중 28%로 주력이나 2022년말부터 고부가 3나노 양산을 시작하였다.

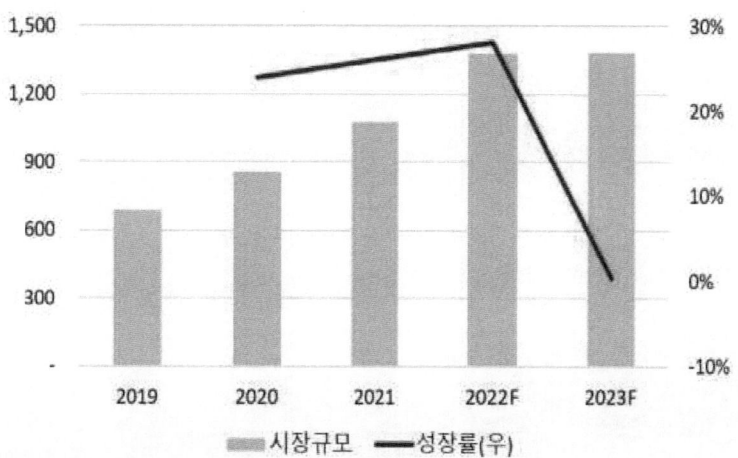

자료 : 트렌드포스(2022.10)

[그림 78] 파운드리 시장규모 전망

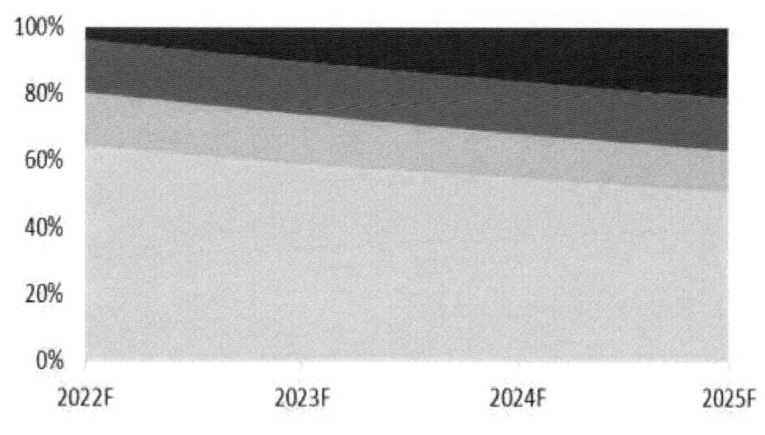

자료 : 옴디아

[그림 79] 파운드리 공정별 시장 비중 전망

파운드리 시장은 TSMC가 지배적인 사업자이며 삼성전자가 기술력 제고 등을 통해 TSMC를 추격중이나 생산능력 격차 등으로 시장점유율 축소는 쉽지 않은 상황이다. 2022년 파운드리 시장점유율은 TSMC 56%, 삼성전자 16%, UMC 7%, 글로벌 파운드리 6%, SMIC 5% 순으로 전망된다. 다수 파운드리가 7나노 이하 투자를 포기하면서 TSMC와 삼성전자가 최신 공정기술 경쟁중이나 생산능력 등의 차이로 양사간 시장점유율 격차는 큰 상황이다.

삼성전자가 세계 최초로 2022년 6월 3나노 공정 양산을 시작했으나 5/4나노 공정에서 수율, 생산능력, 고객사 등에서 격차를 보이고 있다. 인텔은 2021년 인텔파운드리 서비스(IFS) 사업부를 신설하고 2030년 세계 2위 파운드리 기업으로 도약을 위해 투자 확대, 사업구조 변경등을 추진하며, 2023년부터 피인수 기업 Tower Semiconductor의 실적이 반영되면 파운드리 순위 7~8위로 도약할 전망이다.

중국 최대 파운드리 SMIC는 미국 상무부의 Entity List에 등재되어 미국 기술(장비, 소프트웨어) 도입이 제한되어 미세공정 기술 개발과 생산능력 확장이 제한받을 전망이다. SMIC의 7나노 양산설이 제기되나 EUV(극자외선) 노광장비 수입이 어렵고 중국 반도체 장비의 기술력이 낮아 경제성 있고 의미있는 규모의 생산은 쉽지 않을 전망이다.

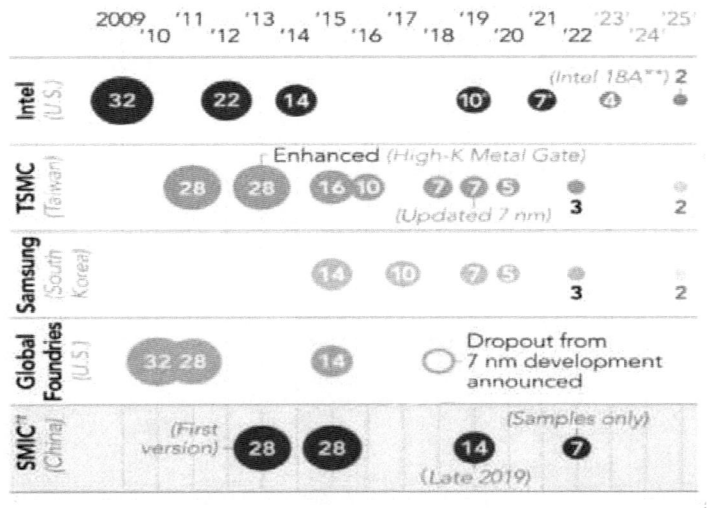

자료 : Nikkei Asia(2022)

[그림 80] 주요 기업 공정 로드맵

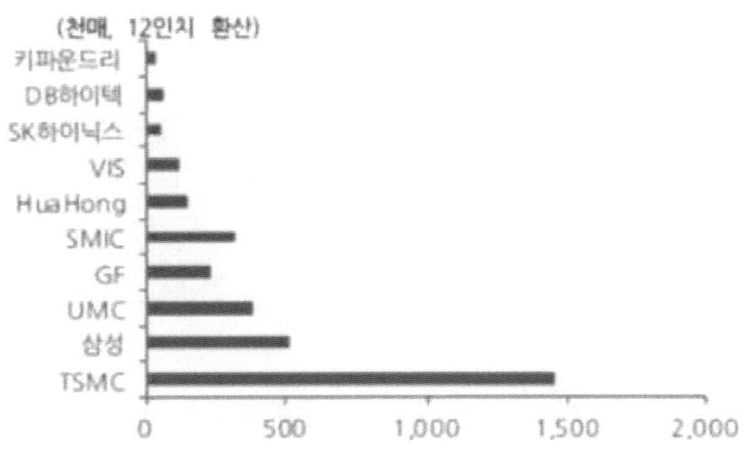

주: 2022년 3분기 기준
자료 : 현대차증권

[그림 81] 파운드리 기업별 생산능력

　삼성전자外 DB하이텍, SK하이닉스가 파운드리 사업을 영위중이며 동 기업들은 8인치 파운드리로 2023년에 가동률 하락 등이 예상된다. DB하이텍은 아날로그, 이미지센서 중심이며 90~150나노 공정 기술 보유하고 있다. DB하이텍의 3분기 수주잔고는 전분기 대비 14% 감소, 생산능력은 138K/월이나 2023년 4월 증설이 완료되면 151K/월로 10% 증가할 것으로 보인다.

　SK하이닉스시스템IC는 DDI, 이미지센서, 전력반도체를 중심으로 사업을 영위하며 키파운드리 인수를 통해 8인치 생산능력을 확대하고 있다. 또한, 중국시장 공략을 위해 2022년초 국내 파운드리 장비를 중국으로 이전하였다.

기업	주력 제품	생산능력	공정
삼성전자	AP	(8인치) 31만장, (12인치) 32.5만장	4~65나노
DB하이텍	아날로그, 이미지센서, DDI, 전력반도체	(8인치) 13만장	90~150나노
SK하이닉스시스템IC	이미지센서, DDI	(8인치) 20.5만장	28~57나노

주:1) 생산능력은 Full Capa 기준
2) SK하이닉스는 '22년초 중국으로 생산설비를 이전했으며 키파운드리를 인수를 반영
자료 : 반도체산업협회

[그림 82] 국내 파운드리 기업 현황

6. 특허정보

6. 특허정보

특허정보는 등록된 특허만 소개하도록 한다.

등록번호	발명의 명칭	최종권리자	공고 일자
1022741070000	무인 키오스크 플랫폼과 이를 이용한 드라이브 스루 주문 방법	파킹클라우드 주식회사	2021.07.08
1022494890000	다중 포스 연동을 위한 무인 주문 서비스 지원 장치	티오더 주식회사	2021.05.07
1022498170000	24시 무인 안경점 서비스 시스템 및 방법	주식회사 아이블랭크	2021.05.07
1022570000000	무인공간 운영시스템 및 무인공간 운영방법	(주) 진코퍼레이션	2021.05.27
1022849880000	무인 점포에서의 결제 방법 및 이에 대한 시스템	주식회사 스마트로	2021.08.03
1022252430000	건설현장 무인관리시스템 및 무인관리방법	경북대학교 산학협력단	2021.03.12
1022588100000	성인인증이 필요한 제품판매용 무인 판매시스템	하나시스 주식회사	2021.06.02
1022685130000	셀프장비 무인 결제 방법	(주) 코리아런드리	2021.06.24
1023295440000	무인 스터디 카페 고객 지원 시스템의 제어 방법	주식회사 비온탑	2021.12.27
1022830520000	무인 카페 운영 시스템 및 방법	비전세미콘 주식회사	2021.07.29
1022596370000	무인 방송을 위한 인공지능 기반 방송 송출 시스템	(주)와이즈콘	2021.06.02
1023239170000	영상 감시 장치를 이용한 무인 주차 관리 시스템 및 그 방법	주식회사 세연테크	2021.11.09
1023461660000	매대 감지 및 무인결제 서비스 제공 방법 및 장치	(주)트리플렛	2022.01.04
1023352490000	무인 음료 제조시스템의 음료 배출장치	(주)플레토로보틱스	2021.12.06
1022568960000	무인 스마트 파킹 시스템	더함비즈 주식회사	2021.05.27
1023271740000	무인주차 관제 시스템	한양공영(주)	2021.11.16

등록번호	발명의 명칭	최종권리자	공고 일자
1022864750000	무인운전 열차 위치 복구방법	현대로템 주식회사	2021.08.06
1022345550000	무인 매장 운영을 위한 방범 및 보안 관리 방법, 장치 및 시스템	주식회사 만랩	2021.03.31
1022214460000	클라우드를 이용한 무인 주차 관제 방법 및 시스템	주식회사 비엔인더스트리	2021.03.02
1022970490000	지급 결제 서비스와 연동된 무인 환전 장치	주식회사 머니박스	2021.09.02
1022233930000	스마트 위치조정 주차요금 무인정산 시스템	주식회사 대영아이오티	2021.03.08
1023403840000	무인 배송 운영 방법 및 장치	한국 전자통신연구원	2021.12.16
1023386890000	무인 냉장고 매장을 운영하는 방법 및 장치	주식회사 아빠컴퍼니	2021.12.13
1023386180000	휴먼 에이전트에 의하여 보조 되는 무인 대화 서비스 제공 방법	삼성에스디에스 주식회사	2021.12.10
1023339480000	중고 전자기기의 가치 분석, 데이터 삭제, 결제, 수납 및 보관 기능을 갖는 무인 지능형 중고 전자기기 매입 시스템 및 그 운영 방법	민팃(주)	2021.12.03
1023348060000	공동주택 건축물의 무인화재 감시시스템	동양컨설턴트 주식회사	2021.12.06
1023285060000	무인 공공정보 수집 시스템 및 방법	주식회사 유오케이	2021.11.19
1023228950000	치킨 무인 조리시스템의 냉장보관장치	엠투테크 주식회사	2021.11.05
1023244550000	무인 매장 원격 관리 시스템 및 방법	(주) 오래	2021.11.12
1023189170000	무인 택배함 및 이를 이용한 택배물품 배송 시스템	주식회사 스마트큐브	2021.10.28

7. 참고사이트

7. 참고사이트

1) catch.co.kr
2) LG전자, 화면 키워 잘 보이는 '셀프 주문' 키오스크 출시,매일경제,2022.04.05
3) 인크루트
4) 코리아센터, 키오스크 1위 '씨아이테크'에 '스탬프팡'솔루션 공급, 황상욱, 부산일보, 2020.06.22
5) 씨아이테크, 무인민원발급기 지자체 납품 조달 등록, 한경, 2022.02.28
6) 복사기 들여놓는 편의점, 재택근무 플랫폼 노린다, 한국경제, 2020.07.16
7) BGF리테일, 무인리테일 테크·보안산업 활성화 앞장, 신아일보, 2021.12.28
8) BGF리테일, 美 무인결제 솔루션 스타트업에 123억 투자, 전자신문, 2021.11.18
9) 잡코리아
10) 인크루트
11) GS25, 업계 최초 무인점포 원격관리 솔루션 '무인이오' 도입, 뉴스와이어, 2022.01.10
12) SK쉴더스-GS리테일, '무인화 시장' 선도 나섰다, 이지경제, 2021.11.24
13) catch.co.kr
14) 인크루트
15) 슈프리마, BGF리테일과 '안심스마트점포' 관련 기술 협력 강화 / 슈프리마
16) 사람인 채용공고
17) 사람인
18) catch.co.kr
19) [소비자민원평가대상-보안] 에스원, 무인 감시 솔루션 등 첨단 시스템 호평 / 소비자가만드는신문
20) 잡코리아
21) 무인화 시대, 모바일 플랫폼 역할 확대, 삼성증권, 2019.10.11
22) 엘리비젼(276240), 하이투자증권, 2021.06.10
23) 무인화 시대, 모바일 플랫폼 역할 확대, 삼성증권, 2019.10.11
24) "스마트주문→네이버주문" 확대…수수료 공짜인 '비대면주문' 왜 키울까, 뉴스원, 2021.04.05
25) 브알라, 카카오톡 챗봇 주문 서비스·나우 웨이팅 키오스크 도입, 연합뉴스, 2020.07.10
26) 생체인식 기술 및 시장동향, 연구성과실용화진흥원, 2016.02
27) 생체인식, IR협의회, 2021.07.29
28) 출저: <보안시스템의 새로운 물결, 바이오 메트릭스 시장이 뜬다.>
29) 탈중앙화 신원증명(DID), 데이터의 주권은 '개인'에게 있다!, 코스콤리포트
30) 유통 4.0이란, 유통산업에 인공지능(AI: Artifical Intellingence), IoT(Internet of Things)등 4차 산업혁명기반 기술들이 활용되면서 유통서비스 초지능·초실감·초연결화가 실현된 현상을 말한다. 유통 4.0으로 거래비용이 크게 절감되는 등 효율성이 증대되었고, 제조사와 고객 간 정보 비대칭성이 크게 완화되었다.(자료: 삼정 KPMG 경제연구원) 산업통상자원부는 유통 4.0시대의 세가지 특징을 ①산업 내/산업간 융합에 따른 업태간 경계의 붕괴, ②기술혁신에 따른 가치창출ㄹ 원천의 근본적 전환, ③ 국경간 장벽으 ㅣ완화로 인한 국내외 시장 통합으로의 가속화로 설명했다.
31) 자료: 삼성 KPMG 경제연구원
32) 무인화 시대, 모바일 플랫폼 역할 확대, 삼성증권, 2019.10.11
33) 엘리비젼(276240), 하이투자증권, 2021.06.10
34) 자료:통계청 경제활동인구 조사(2021)
35) <무인포스 확산…햄버거 주문이 버거운 노인>, 블로터
36) 출저: 한국정보화진흥원, '2021 디지털 정보격차 실태조사'
37) 2020년 7월 정부는 관계부처 합동으로 그린 뉴딜(저탄소·친환경 경제로의 전환 유도)과 함께 디지털 뉴딜(디지털 경제로의 전환 유도) 정책을 추진하기 위한 「한국판 뉴딜 종합계획」을 발표하였다.
38) 금융안정보고서, 한국은행, 2020.12
39) 디지털 전환에서 두각 보이는 신한은행…디지털 점포 3종 런칭, '2022 CES'에 AI 시스템도 출품, 컨슈머뉴스, 2021.12.31
40) KB국민은행, AI은행원 키오스크 순차 오픈, 경인매일, 2022.01.26
41) KB국민은행, 수도권 혼잡점포 내 '화상상담 서비스' 시범 도입, 아주경제, 2021.12.13
42) 하나은행, 출입 무인결제 등 오프라인서도 얼굴인증 서비스 확대한다, 푸드경제신문, 2022.01.21
43) CU서 하나은행 업무 본다…상업자 표시 편의점 국내 첫 오픈, 전자신문, 2021.10.12
44) 왕복 20km 날아 의약품 배달… 美 '드론 배송' 첫 상용화, 조선일보, 2022.04.14
45) 청소·택배·셔틀버스, 이미 자율주행 완성… 국내 최고기술, 조선일보, 2022.04.01
46) 사진 출저: 롤스로이스
47) 경남도, 해검Ⅱ 운항 등 `무인선박` 실증 성공, 매일경제, 2020.09.23

48) 0.3초만에 얼굴인식… `비대면 솔루션` 늘리는 물리보안 빅3, 디지털타임스, 2020.09.07
49) [SECON & eGISEC 2022] 슈프리마, 무인매장 및 3세대 보안 솔루션으로 참관객 눈길 사로잡아, 보안뉴스, 2022.04.20
50) 에스원 R&D센터, 차세대 보안 기술 개발 '산실, 전자신문, 2022.04.24
51) HN-HN시큐리티-에이치닥테크놀로지, 제21회 세계 보안 엑스포서 미래 보안 기술 선보여, EPNC, 2022.04.21.
52) [산업리포트]'무인 편의점' 확산…신소매 생태계 커진다, 전자신문, 2021.08.10
53) 현대백화점 무인매장 '언커먼 스토어' 누적 방문객 10만명 돌파, 아이뉴스24, 2022.03.31
54) MZ Report-20] MZ는 무인점포에서 쇼핑한다, 한국섬유신문, 2022.01.14
55) 청춘세탁, 비대면 로봇 세탁 서비스 시범운영, 로봇신문, 2020.09.15
56) 열린, 24시 헬스장 프랜차이즈 '오픈짐' 1호점 의정부에 론칭, 한국데이터경제신문, 2020.02.11
57) 中 상하이 '코로나19' 봉쇄 속 무인 로봇 카페 화제, 로봇신문, 2022.04.05
58) [포토] '로봇이 만든 커피 마셔볼까'…고속도로 휴게소에 속속 등장하는 '로봇', 중앙신문, 2022.03.29
59) <일본을 넘어선 한국의 무인사물함, 기술이 중요한 이유>, CLO(2017.01.03)
60) 자료 : 과학기술정보통신부(2018. 1), "무인이동체 기술혁신과 성장 10개년 로드맵".
61) 드론 서비스 시장, 연구개발특구진흥재단, 2019.12
62) 자료: IHS
63) 실리콘밸리에서 미래자동차의 모습을 보다 - ③ 4차 산업혁명시대 융복합 기술의 결정체: 자율주행 자동차, 이지현, KOTRA, 2020.04.28
64) 세계의 자율주행차 시장 전망, 연구개발특구진흥재단, 2018.11
65) 2026년 90조원 드론 시장…'후발 주자' 한국, 상업용 드론 정조준, 조선비즈, 2020.06.29
66) 『4차 산업혁명 기반 드론 산업』 국내외 동향연구 보고서, 경상북도, 2019.11
67) 출처: 자동차전용도로 자율주행 핵심기술 개발사업, 한국과학기술기획평가원
68) 스마트카, 한국 IR협의회, 2020.07.02
69) 중소기업 전략기술로드맵 2021-2023 스마트시티, 중소벤처기업부
70) 사이버 보안 시장, 연구개발특구진흥재단, 2018.12
71) 클라우드 보안 시장, 연구개발특구진흥재단, 2021.04
72) 대화형 키오스크 시장, 연구개발특구진흥재단, 2021.03
73) 생체인식 시스템 시장, 연구개발특구진흥재단, 2021.04

초판 1쇄 인쇄 2025년 9월 12일
초판 1쇄 발행 2025년 9월 17일

편저 비피기술거래 비티인사이트
펴낸곳 비티인사이트
발행자번호 9994049
주소 전북 전주시 서신동 780-2 3층
대표전화 063 277 3557
팩스 063 277 3558
이메일 bpj3558@naver.com
ISBN   979-11-994298-8-8(13560)

이   도서의   국립중앙도서관   출판예정도서목록(CIP)은   서지정보유통지원시스템홈페이지
(http://seoji.nl.go.kr)와국가자료공동목록시스템 (http://www.nl.go.kr/kolisnet)에서 이용하
실 수 있습니다.